喝遍義大利

陳匡民——著

積木文化

Italianissimo!

　　義大利有多少種原生葡萄品種？

　　專家的估計約有兩千，經DNA分析確定的約有一千，商業規模上用到的可能有四、五百。不管使用那個數字，都比次於義大利的三個國家法國、西班牙、希臘加起來的還多。

　　這種無可比擬的多樣性，使得義大利葡萄酒書的寫作格外困難。

　　教科書式的寫法在Burton Anderson的「Wine Atlas of Italy」之後已經沒有了。類似名字的書後來還有好幾本，有的寫品種，有的寫知名產區，有的寫知名酒莊，都很難完整。試圖完整的書很容易變成無法閱讀的型錄。或縮小範圍，只寫紅酒或白酒或氣泡酒、只寫北部或中南部、只寫個別大區、只寫單一產區、只寫單一酒莊。這些書都有人寫，可以很詳盡，還可以把歷史、文化、食物包括進來，讓人一窺浩瀚的義大利葡萄酒的局部細節。

　　要有可讀性，又想傳達整體義大利葡萄酒的特別或迷人之處，捨棄不可能或不必要的完整性，親臨產區的遊記式寫法是另一種方式。非葡萄酒作家的Lawrence Osborne、Robert Camuto都寫出了備受好評的書。這也是《喝遍義大利》的寫法。

　　這本書的出版來得正是時候。雖然義大利葡萄酒漸受歡迎，中文資訊卻一向缺乏，酒友能讀的東西除了酒商的文案，就是一些可信度不一的網路文章。一本帶著熱情和親身體驗引導讀者認識義大利葡萄酒風土人物的書正是葡萄酒愛好者所迫切需要的。

　　羅馬軍團和奴隸的飲食配給包括葡萄酒，概念不是搭餐，而是糧食的一部分。義大利葡萄酒在飲食中的這種角色至今都還很明顯。阿爾卑斯山腳下的Valle d'Aosta紅酒產量幾乎占八成，天氣好時可以看到北非的西西里白酒占六成，完全顛覆一般人北部產白酒、南部產紅酒的刻板印象。

　　地區性、獨特性、多樣化一直是義大利這個半島國家在歷史、習俗、方言、飲食的特色。義大利文的campanilismo形容一個人一輩子離不開可以聽到鐘聲的範圍，這種對土地的依附和眷戀塑造了強烈的地區風格。義大利葡萄酒也免不了國際化的壓力，但幸好義大利的頑

固酒農似乎特別多，仍繼續用他們的方式做他們獨特的葡萄酒。十幾年前可以常喝的Barolo、Brunello di Montalcino，有的現在已經快買不起，但十幾年前被稱為「義大利的加州」（這個比喻並不完全是正面的）的西西里，現在是全世界最熱門的葡萄酒產區，島上的火山Etna產區被形容為「地中海的布根地」。這種蓬勃變化和產區復興也是現在義大利葡萄酒吸引人的原因之一。

匡民是我二十年的酒友。這些年來她的工作都和葡萄酒有關，經驗豐富，而且味覺敏銳，對葡萄酒的喜好有明確的個人風格。最難得的是她仍保有強烈的好奇心，持續追尋能打動人心的葡萄酒。她醞釀多年，親臨產區採訪酒莊，坐火車搭船從南到北和離島，終於寫成了這本書，成功捕捉義大利葡萄酒的風貌──非常italianissimo，是真正的義大利。

黃偉能

推薦者簡介

黃偉能

美國密西根大學物理博士，現於大學任教。對義大利葡萄酒情有獨鍾的他，也擔任德國葡萄酒同好會會長，不只是全台灣坐擁最多葡萄酒書的資深愛好者之一，也偶爾以「非專業」葡萄酒作家的身分撰寫業餘文章。

展開旅程

　　還只是春天，空無一人的車廂裡，只有連隔熱紙都擋不住的南義驕陽在肆無忌憚。

　　連結一節節無名小鎮的慢車裡，彷彿聞得到老成世故和滿不在乎，是因為忿忿不平嗎？它們還會發出一種規律的轟隆聲，偶爾夾雜著金屬磨擦的吱喳作響。隨著我眼皮一眨一眨而時遠時近的，是在陽光下微微起伏的綠色丘陵、一望無際的藍綠相間碧色海岸，以及在暫時闔眼之後，看上去依舊像是同一片風景的風車、農舍、平原和羊群。每當旅途中出現這時間像是被困在迷宮裡的片刻，我總會自問：「為什麼我會在這裡？」

　　只不過這問題怎麼聽都愚蠢至極。即便換個方式：「我怎麼會不自量力想寫本義大利葡萄酒書？」答案都不可能稍微聰明。「該是被下蠱了」，我心想。但是在投身葡萄酒寫作的二十年間，我也有幸喝過無以數計的好酒、去過幾大洲風情各異的葡萄酒生產國、接觸過無數認真釀出好酒的獨特生產者，怎麼獨獨只被義大利蠱惑？

　　是因為上一本書的寫作過程實在漫長痛苦，讓我還處於未能從重大打擊中恢復正常心智的「脆弱期」；是因為心目中的頂尖葡萄酒作家竟然把賣酒廣告都寫到令人莞爾，讓我不得不正視自己貨真價實的中年危機？或者該追溯到更久以前，曾經鍾愛過的Amarone實在豐厚甜美；一直沒學好的義大利文始終引以為憾；在我首度赴義前誠心提醒：「千萬別輕信義大利男人」的駐台代表太教人感銘；還是在鏡頭下捕捉到「警察光天化日曉班飲酒」太印象深刻？就連曾被知名酒廠放鴿子在門外枯等近兩小時等如此種種，或許都是我被義大利媚惑的潛在原因？

　　正當腦海裡有無數問號飛逝，火車卻毫無預警地突然減速停了下來；在某個不知名的小鎮。事實上，這些慢速火車停靠的，幾乎全是一座座在天高地迴間孤立無名的小鎮。在鎮與鎮、站與站之間，既找不到上一站的形跡，也無從得知下一站會是哪裡。儘管如此，火車依舊按著不一定準確的時間表，一站經一站、又通往下一站。此刻我突然憶起，2003年首度踏上義大利時發生在海關的小插曲。那是我人

生中首度應邀擔任國際性葡萄酒比賽的評審，為此我來到義大利中部Umbria區的Perugia省、人口只比嘉義的阿里山鄉略多一點的Torgiano小鎮。就在我抵達羅馬海關時，奇妙的事發生了。

「第一次來義大利？」海關的年輕男職員貌似認真的邊檢查我的文件邊問。

「是。」

「你是來工作？」

「對，我是葡萄酒作家」，長途飛行的疲累和初來乍到的緊張，讓我佯裝出一種超乎平常的友善口吻。

「你要去哪裡？」

「Torgiano」，我沾沾自喜地以為能說出目的地，會讓他毫不猶豫就蓋章放行。

誰知道他反而一臉狐疑地問我：「Torgiano在哪裡？」

「Torgiano在哪裡？」我可以猜想自己當時費了很大力氣，才勉強壓下心頭的慌亂和震驚。「有沒有搞錯？」我心想，鬼才知道Torgiano在哪裡。作為初來乍到的外國人，我以為記得一個紙上的陌生名字，已經是對遙遠異國極盡所能地表示友善和尊敬。還記得當時我邊在心裡咒罵邊想（即便到今天我仍然認為），同樣的情況絕不可能發生在台灣的桃園海關：總不會有官員質問一個首次踏上台灣的外國旅客東勢區或二林鎮的所在吧！

然而，日後隨著我踏上義大利的次數越多，我才發現，正是這點點滴滴、芝麻綠豆般的種種「不可思議」，一個個儼然那些互無關連的孤立小鎮似地，密密麻麻地交錯出義大利葡萄酒令人難以脫逃的魅力之網（雖然如今我已能想像，當年那位官員應該真只是好奇Torgiano在哪兒才有此一問）。幾千年的葡萄種植歷史、幾千種原生葡萄品種、上千公里的迥異風土，以及受各地風土民情薰陶的無可計數性格獨特生產者，終於讓這裡的葡萄酒，生出他處所難以企及的無限光怪陸離。

於是，帶著坑坑巴巴的行程、一張不知道該在哪兒登船的船票，我展開了這本書裡的兩次義大利小旅程，張開雙臂擁抱未知。所有打算搭順風車或中途上下的，大可放心。在這趟旅途裡，既不需要牢記五百多個不同的DOC產區名、更沒必要弄清任何繁雜的產區法規和分級；那些不過就是西西里街頭的交通號誌──可以大剌剌視而不見的

玩意兒。至於冗長拗口、容易誘發混淆甚或憂慮的當地葡萄品種，就當是前晚派對上結識的張三李四吧；除非有發展更長遠關係的打算，否則誰在乎記不記得對方的名字。當然，寬容開放的心胸、好奇心和幽默感會是挺不錯的隨身行李；畢竟，這才是在葡萄酒世界徜徉時，到哪兒都能通的國際語言。

本書的問世要感謝許多的天降貴人：積木文化從總編到責編，以及參與各面向的所有工作人員；不吝指教的輔大外語學院楊馥如老師；鼎力協助行程安排的楊子萱小姐、Peter Mirnik先生，以及同為本地最重要義大利葡萄酒進口商的越昇國際陳麗美總經理、最馳名義大利餐廳Solo Trattoria（系列）的林靜芳總監和王嘉平主廚；西西里Taormina的Tischi Toschi餐廳主廚Luca Casabalanca。還有本地所有義大利葡萄酒的進口商們、慷慨接受訪問的所有義大利酒廠；義大利葡萄酒同好會的賴彥均創辦人、慷慨作序的黃偉能教授，以及惠我良多的全體同好、諸多酒友；少了你們的智慧和經驗分享，這本書將只會是空洞的想像。Grazie a Tutti！

圖示說明

產區

葡萄品種

所屬分級

口感範圍
以1~5個杯子圖示口感的清新淡雅或濃郁厚實之程度,杯子數越少,表口感越清新淡雅,杯子數越多,表口感越濃郁厚重。

價格範圍
$800以內、$$801~1,500、$$$1,501~2,500、$$$$2,501~5,000、$$$$$ 5,000以上

搭配食物
以1~5個鍋子圖示表現適合搭配的料理風味濃淡。鍋子數越少,表宜搭佐清爽的淡味菜色,鍋子數越多,表宜搭佐風味愈濃厚之菜餚。

Chapter

0

最重要的

「我在喝葡萄酒的時候,你還不知道在哪兒穿開襠褲呢!」雖然這聽起來像是許多經驗頗豐的葡萄酒愛好者,偶爾拿來說嘴的誇大其辭;但是倘若說這話的是作為葡萄酒產國的義大利,他們確實比誰都有資格,可以挑起眉毛、用輕蔑的口吻,蠻不在乎地這麼說。因為相較於現下其他許多更廣為全球熟知的葡萄酒產國(不管是法國、西班牙還是新興的加州、澳洲等地),義大利在釀葡萄酒這件事上,確實有他處遠比不上的悠久歷史。

不過即便西西里島因為地利之便,早在西元前八世紀已經種有葡萄;整座亞平寧半島,更在西元前三世紀已經隨處可見葡萄園;然而,久遠的歷史卻似乎未能造就崇高的地位,讓義大利葡萄酒在二十一世紀的今天,受到應有的尊崇和重視。我就認識一位品味不俗的資深酒友,雖然品飲義大利葡萄酒的經驗似乎並不特別豐富,卻認定義大利酒缺乏(他更愛喝也更常喝的)法國酒般優雅細緻,在我看來,甚至多少被偏見限制了胸襟。也有酒友雖然對義大利葡萄酒滿懷熱情和興趣,但總覺得不知該如何著手,在有勇氣將義大利葡萄酒置於餐桌這唯一舞台以前,已經被酒的看似繁雜紛亂嚇走了原本就微弱的興致。

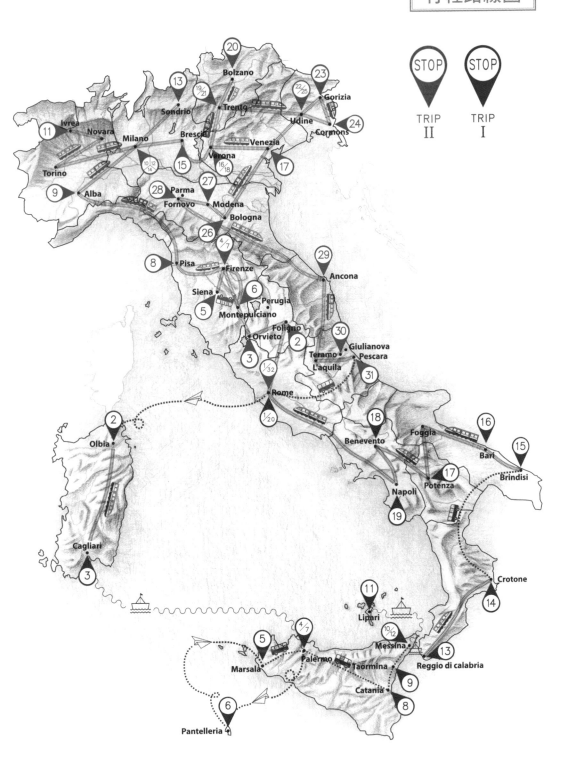

行程路線圖

STOP
TRIP II

STOP
TRIP I

　　然而在我心裡，義大利葡萄酒，是放眼國際少數能儼然得道高僧般，最該被頂禮膜拜，卻又看似最平凡無奇，以無招勝有招達到出神入化的葡萄酒。理由是，在這很難被稱為「一個國家」的廣闊區域裡，不只有相傳數千年的眾多葡萄，積累了超過兩千種以上特有葡萄的種植和釀造傳統；更是世上少數在包含兩座離島、從南到北綿延超過千里的國土面積裡，不管是被山脈層巒疊嶂、還是被海岸緊緊包圍，幾乎在千奇百怪的迥異風土上無處不見葡萄園的地區。再加上那些千百年來生活裡少不了葡萄酒、才剛能用雙腳站立已經知道葡萄酒屬於餐桌、從上小學已經能享受佐餐酒的男女老幼，將被山脈、丘陵阻隔出的一村一鎮獨特風土民情，全灌注到當地的葡萄酒生產裡，使得今日葡萄酒愛好者的心中，義大利如生物學家眼裡的馬達加斯加，能以方方面面的多樣性，成為全球化巨浪下，少數仍然充滿發現和驚奇的魔法地區。

　　以地理環境而言，南北長一千兩百公里，東西寬達兩百五十公里的範圍中，有亞平寧山脈聳立其中的義大利半島，除了北部緊鄰阿爾卑斯山的少數區域能有接近大陸型的氣候表現外，其餘區域則是在地中海型氣候的脈絡下，能再分成山區的多雨涼爽，以及海岸區域的溫暖乾燥。不過，在考量產區的酒款風格時，由於山脈與海洋的距離往往相當接近，因此即便是同緯度的同一區，都經常兼有靠山和近海的區域，因此坐擁風格迥異的不同類型。比方在近海的區域，往往因為地勢較平坦、日夜溫差更和緩，而讓酒有更豐滿的酒體和濃郁果實風味；相較之下，來自海拔更高、降雨更多、日夜溫差往往更大的山區產酒，則更容易有纖細風味和鮮明酸度，甚至有耐久藏的緊密結實單寧。

　　從歷史的脈絡來看，有久遠產酒歷史的義大利，卻是奇妙地直到義大利統一的1861年以後，才有今天我們所認識的現代義大利葡萄酒陸續萌芽。不只當代最出名的巴羅鏤、巴巴瑞斯柯在那之前還沒個影子，就連其他許多有數千年歷史的白酒如蘇瓦維、歐維耶托，在此之前也全不是今天的樣子。數千年前的義大利葡萄酒，儘管很少跨越地理的界線，讓外地人稱道傳頌（只有少數例外），但是每座大城小鎮裡，日日少不了葡萄酒的居民，肯定都知道鎮上誰家釀得出最好的酒。可惜在十九世紀統一後，緊接著從法國傳來的根瘤芽蟲病害，以及二十世紀的兩次大戰，又澆熄了好不容易才發芽的現代義大利葡萄酒的種子。是以，嚴格來說，真正的現代義大利葡萄酒，幾乎是在

1960、1970年代才冒出頭,並且以迅猛的速度,在1980、1990年代陸續發展出盛名橫掃國際。在過去的幾千年裡,義大利或許因為地理環境導致的交通不便、長久分歧的區域政經、以及文化裡一直將葡萄酒視為「生活必需品」的概念影響下,才沒趕上過去數百年間的葡萄酒全球發展大躍進,錯過了在二十世紀的國際社會大鳴大放的機運。但是隨著時序進入二十一世紀,義大利葡萄酒不只在上世紀末,歷經技術和思想革命後快速追上國際;尤其令人欣喜的是,義大利多受阻隔的自然環境和各行其是的民族性格,反而讓今日在總數高達四、五千家的葡萄酒生產者裡,不乏在具備全球化思維的同時,專注於在地風土本質、並且試圖從中找出獨特和差異性的理想生產者。正是這些被山區、海岸阻隔在不同鄉里,各自懷抱著不同夢想,但共享數千年歷史、文化滋養的義大利生產者,才讓此地在國際化風潮吹拂下,仍然稀有動物般地保有最珍貴的獨特氣性。

　　儘管很遺憾地，書中提及的許多中、小規模的頂尖酒廠，在本地不算大的市場中仍未受到進口商的青睞，是以仍未被引進（不過很多在日本都買得到）；我在規畫本書的旅程和選擇酒廠時，則是試圖在顧及市場酒款現況的情況下，盡可能達到均衡。是以，這並不是一本義大利「頂級名酒大全」，讀者們將發現，名莊如Bruno Giacosa、Gaja等，並未在本書出現；絕大多數酒廠只推薦一款酒（儘管許多酒廠的優質佳作遠不只一種），唯獨少數品質優越且性質迥異的，會破例同時有數款推薦。對於推薦酒廠的選擇，我除了以本地進口商長期經營的品牌為主，試圖從中去蕪存菁之外，也參考了義大利最重要的幾本葡萄酒評鑑（根據當地生產者的建議和自身經驗，參考重要性依序為*Le Guide de l'Espresso*、*Slow Wine*，以及因為有英文版本而在國內知名度最高、俗稱的大紅蝦評鑑*Gambero Rosso*），並且在實際品試酒款確認酒質後，篩選出生產者。

　　畢竟，愛上一種葡萄酒可以像任何一種愛戀；如果在對的時間、碰巧遇到一款來自頂尖生產者釀成的迷人酒款，很有可能，你也會和我一樣，從此就愛上這獨特的國度，著迷於這些散發出特殊氣息的義大利葡萄酒。

Chapter

1

葡萄酒分級

從D開始
DOC & DOCG

如果連地理距離這類無可動搖的長度單位,義大利人都能各自表述;那麼其他事物的分歧,就沒什麼好大驚小怪了。比方在電影〈托斯卡尼豔陽下〉(Under the Tuscan Sun),當美國來的女主角問:「從這裡到那裡要多久?」時,從跑車裡探出頭的義大利帥哥帶著迷人微笑地說:「兩個小時,快的話,一個小時」。此外,那部電影還為所有「外地人」提供關於交通號誌(以及其他各種規範)在義大利的實用指南:綠燈代表「可以衝過去」,黃燈和紅燈,則被義大利人當成裝飾與參考,但並不賦予實質意義(儘管直接面對執法人員時或許需要另一套彈性應對)。這恰好也是任何想理解義大利葡萄酒的人,該用來面對義大利葡萄酒分級的正確態度。

事實上,葡萄酒透過「品質分級」規範出的金字塔,在世界各

區域&地形圖

Valle d'Aosta

Piemonte

Lombardia

Trentino Alto Adige

Friuli Venezia Giulia

Veneto

Liguria

Emilia Romagna

Toscana

Marche

Umbria

Abruzzo

Lazio

Molise

Campania

Puglia

Basilicata

Sardegna

Calabria

Sicilia

Vapolicella Classico

Vapolicella

Soave Classico

Soave

地更像是用來區隔出身背景的社會階層，很少能限制一瓶酒的品質高下。特別在義大利，當老戲碼搬上裝飾得更華麗的舞台、搭配更絢爛奪目的燈光音響時，不只更突顯分級系統的荒謬，也讓整個看似層次分明的級別像是沙堆出的金字塔，但也反而造就義大利葡萄酒特殊的魅力。倘若你只關注瓶子裡的品質，一瓶義大利葡萄酒屬於哪個分級，絕對是不必要資訊。但是，一旦追究起來，這個產酒歷史遠比法國、西班牙等歐洲其他產酒國都來得悠久的地區，早在1716年，托斯卡納（Toscana）公國的主政者Cosimo三世，就已首開先例替當時已遠近馳名的奇揚替（Chianti），劃出特定的產區範圍，規範出官方認可的奇揚替產區，紙上效力甚至持續到數百年後的1932年。

只不過，搶先規範哪裡能產哪種酒，並不能讓一個地區自動好酒如林。及至二次大戰後的1963年，隨著歐洲戰後陸續恢復，義大利葡萄酒也終於蕭規曹隨，比照法國系統建立了四層金字塔式的品質分級。由上到下依次為最高等級的「DOCG保證法定產區」（Denominazione di Origine Controllata e Garantita）；次高的「DOC法定產區」（Denominazione di Origine Controllata）；往往因為使用非傳統義大利品種而必須更次一層的「IGT地區餐酒」（Indicazione Geografica Tipica）；以及最普通基本的「VDT日常餐酒」（Vino da Tavola）。

之後，隨著加入歐洲經濟共同體，成為歐盟一員，這些和酒質不一定有緊密關連的稱謂，雖然也一度在2009年通過的新法案中，規定必須以新的名稱來統一標示（例如用DOP取代原本的DOC和DOCG；IGP取代IGT；最基礎的日常餐酒則僅稱為Vino。並改用代表「受到保護」的P：Protetta，取代原本意為「法定」的C和「保證」的G）。幸

DOCG 保證法定產區

DOC 法定產區

IGT 地區餐酒

VDT 日常餐酒

酒標上的CLASSICO和
RISERVA字樣是比分級
更重要的品質資訊。

好這不受歡迎的新法規，很快又開放生產者可以自由選擇按照新或舊
制標示。是以儘管目前法規為新制DOP等標示，多數生產者卻仍按舊
制標示為DOCG、DOC或IGT，至於最基礎的「日常餐酒」（Vino da
Tavola），則是除了少數特例外，罕見於出口市場的相對珍品。

　　有趣的是，為什麼一瓶葡萄酒只要符合林林總總的相關規範，就
能成為一款優質葡萄酒。縱使這些限定某種酒必須在哪裡生產裝瓶、
必須種什麼品種、單位產量不能超過多少、種植密度必須多高、收成
時葡萄必須達多少酒精濃度、得用哪種容器培養多久等，確實可能加
總成為影響葡萄酒品質的重要環節。不過，一瓶義大利葡萄酒是否優
質好喝，和到底屬於哪個等級幾乎毫無關係。反而看來沒派頭的三個
字能起更大作用：表示出自傳統產區的Classico；表示比同類型酒具
有稍高酒精濃度（也可能有略長培養期）的「優等酒款」Superiore；
表示在上市前經過較長時間培養陳年（往往也伴隨著略高酒精濃度）
的「陳年酒款」Riserva。但因此若能把近四百多個可能永遠不會前往
的義大利村鎮名稱和從未聽聞的葡萄品種，所組成的至少73個DOCG
與330個DOC（數目永遠增加中）產區拋到腦後，倒是讓人大大鬆了
一口氣。

　　聽起來幾乎是同一種東西的「陳年酒款」Riserva和「優等酒款」
Superiore，兩者間又有微妙的義大利式區隔。價格可能更高的Riserva
通常更著重在較長的培養期，有些Riserva甚至嚴格規範在不同容器
中必須經多久培養，比方必須是木桶兩年、瓶中一年，強調因為酒

質優異，所以適合經過更長期的培養。至於Superiore則更著重在收成時較佳成熟度所帶來的略高酒精，突顯更濃（往往也被視為更佳）的酒質。隨之而來的更長培養，比較像是因材施教的附加作為。事實上，曾經只適用於DOC酒款的Superiore，因為某些酒款後來晉升為DOCG，就也跟著突破類型藩籬。至於通常選擇較優質酒款來陳年的Riserva，也可能因為品質普通的酒實在賣不出去，才不小心意外「陳年」更久。儘管規範裡難免有小陷阱，但是面對同類酒款，「優等酒款」Superiore的確代表更高酒精濃度（或更濃厚風味）。比方產自唯內多（Veneto）省，常帶著紅色漿果甜香，口感也少有澀味的清淡可愛巴多里諾（Bardolino），就只屬於DOC等級，風味口感也往往相對清爽。相較之下，優等巴多里諾（Bardolino Superiore）不只在等級上隸屬更高的DOCG，也比單薄的Bardolino有更濃郁飽滿的風味口感。

另一方面，代表出自傳統產區的Classico，不只比前兩者更重要，也似乎更有原則（當然，別忘了我們還在義大利）。通常跟著某個產區名稱一起出現的Classico字樣，代表酒是產自當地擁有最適合氣候土壤、風土環境的歷史產區。由於很多酒款在聲名大噪、好賣狂銷後，都不免經歷產區的無限增長，出現類似夜市雞排攤那樣一變十、十變百，最終讓整條街，好幾個鄰近的村鎮，都成了雞排之鄉的情形。因此標示Classico字樣的傳統產區酒款，至少表示葡萄是種

在歷史悠久、擁有最佳生長環境、範圍相對受限的「創始」產區，也較易有傑出酒質。當然，在傳統產區外，也能產出絕佳的葡萄酒。只是普通的Bardolino和出自傳統產區的Bardolino Classico，我應該會更想喝產區環境理論上更理想、範圍也更受限的後者；倘若相互比較的是Bardolino Classico和同樣出自傳統產區、酒還更濃厚的Bardolino Superiore Classico，那就看當時我想要的Bardolino是濃郁或者相對清爽的風味。

　　然而，所有依照酒精濃度、單位產量、品種調配比例、培養時間，生產範圍等條件規範出的分級，仍然只是一款酒的身高、體重、三圍、年收和出生地。想單以此論斷酒質優劣，難免像單以條件擇偶那樣有其偏限。如果交通法規和號誌規範不了義大利人的開車方式，那麼恐怕也沒有任何分級制度或標示，能清楚區隔出許多性格獨特的義大利生產者們絞盡腦汁想展現的酒款特色和品質差異。選擇優異的生產者，固然是所有葡萄酒愛好者想在地球上嘗到真正優質葡萄酒的唯一途徑，也是條艱困的路。而這些開車時速可以常從50彈性到250公里的義大利生產者，在我看來，至少已遠比其他國家的同行來得有趣多了。

Tenuta San Guido

　　我很確信，對酒廠主人來說，主要以卡本內蘇維濃（Cabernet Sauvignon）釀成的1968和1994年Sassicaia，具備了高標準的品質。不過義大利的葡萄酒法規顯然有不同想法，否則Sassicaia不會在誕生初始只是瓶「日常餐酒」（Vino da Tavola），幾十年後卻躍成「DOC法定產區」等級。當然，我們無法推估這和創出這款酒的Marchese Mario Incisa della Rocchetta的身分有無關係。這位在1940年代才落腳托斯卡納的貴族，當初只是對葡萄酒有興趣，才興起自製酒的念頭（Sassicaia在正式上市前的二十年，都是僅供莊主自用）。儘管當地人都知道，近海一帶並不以好酒聞名（所有人心裡想的都是山吉歐維榭Sangiovese品種），這位先生仍然在周圍多是廢棄果園的博給利（Bolgheri）某塊丘陵試驗性地種下卡本內，夢想做出媲美法國波爾多的頂級酒。誰能料想這些靠近海岸的多礫石丘陵，雖然稱不上是山吉歐維榭的天堂，卻是讓卡本內過得極其舒坦的溫柔鄉。

　　品種和產區在當時都只符合「日常餐酒」標準的Sassicaia，居然

在1970年代一躍登上國際舞台之後，成了義大利代表名酒。特別是當Sassicaia在1978年的一場品酒會上，打敗來自全球其他卡本內後，這款酒逐漸有了超越任何人「日常」標準的酒價和名氣。Sassicaia不只讓世界看見了義大利葡萄酒，也引發其他生產者陸續跟進，帶動1980年代當地以國際品種釀出優質酒的「超級托斯卡尼」（Super Tuscans）現象，從此改變Bolgheri作為產區的命運。於是，義大利葡萄酒法規也在1994年出現Bolgheri產區紅酒的DOC分級，甚至在產區範圍內允許Sassicaia擁有獨家標示Bolgheri Sassicaia的權利。

　　當然，從許多角度來說，Sassicaia都是一款值得被如此對待的獨特酒款，甚至只有Sassicaia的Marchese Nicolò Incisa della Rocchetta，是我必須以爵位來稱呼的貴族莊主。儘管如今一瓶要價數百美金的Sassicaia，相較其他同類，酒價反而「日常」許多，但是午餐上最讓侯爵滿面春風的卻是令人意外的小報消息：「你知道嗎？喬治克隆尼（George Clooney）在他婚宴上喝的就是Sassicaia」（不過根據小報說法，當時喬治正在經常光顧的餐廳宴客，老闆特意開了2010年Sassicaia當作婚宴賀禮）。

自從侯爵在1980年代接掌酒廠至今，數十年來，儘管Bolgheri產區經歷了紅酒晉級、區內葡萄種植面積成長近五倍；氣候變遷也讓酒精濃度比上世紀高了些，然而侯爵心目中的Sassicaia，不管是日常餐酒還是法定產區酒款，幾十年來一貫追求著優雅酒質和可喝性。

即使Sassicaia的風格或許和時下葡萄酒的流行趨勢時而契合、時而偏離，但是Sassicaia依舊是名酒Sassicaia，侯爵大人也依舊是侯爵大人。

Venissa

手工打造的純金箔，在威尼斯最著名的穆拉諾（Murano）玻璃瓶上低調地閃出金光，瓶子裡裝的是一度幾乎滅絕，至今全球也沒多少人知道究竟是什麼味道的多羅那（Dorona）葡萄的汁液。Dorona是義大利數千種葡萄裡，極少數在幾年前幸運地因為來自波賽柯（Prosecco）著名釀酒家族Bisol的好奇心，才有機會繼續種植，改寫滅絕的命運。

令人難以想像的是，這些被種在威尼斯潟湖北部，人口只有三百多的馬佐爾博島（Mazzorbo）小島上的葡萄，就算在生長期能幸運逃過被海潮滅頂的危機，收成後還得立刻遠赴三百多公里外的蒙塔奇諾（Montalcino），好讓知名釀酒顧問Roberto Cipresso監督長期泡皮和瓶中培養等各種工序，最終成為裝在飾有金箔典雅玻璃瓶裡的東西。在官方估計2050年就可能消失的島上，復興一種沒人在意的葡萄，還只有數千瓶的稀有年產量——如此高貴又大費周章的舉措，聽來儼然是戀愛中的中世紀武士才有的示愛方式。於是這些雖是義大利葡萄酒裡不折不扣的「日常餐酒」（Vino da Tavola），卻每500毫升要價超過百歐，且偏偏出現在以慧黠商人和揮金如土的豪客聞名的威尼斯。

Venissa
Venissa (Bianco)

🍇 唯內多（Veneto）威尼斯
🍷 多羅那（Dorona）
Ⓓ 日常餐酒（Vino da Tavola）
🍷 ❢❢❢～❢❢❢❢❢
Ⓢ $$$$$
🍎 ❦❦❦～❦❦❦❦❦

醉翁之意不在酒，我想不到有其他話語更能貼切形容人生中稀罕的Dorona品嘗經驗。在拋開體會瀕臨絕種謎樣葡萄的心理催眠下，這些經過長期泡皮和瓶中培養的汁液，在濃醇質地外，還帶著瓜果類水果和乾果芬芳，口中些許鹹味暗示獨特的潟湖出身。經過不同發展期的其他年份，則有更多屬於香料的溫暖氣息。

Tenuta San Guido
Sassicaia

🍇 托斯卡納Bolgheri地區
🍷 卡本內蘇維濃等（Cabernet Sauvignon etc）
Ⓓ Bolgheri Sassicaia DOC
🍷 ❢❢❢～❢❢❢❢
Ⓢ $$$$$
🍎 ❦❦❦～❦❦❦❦

Bodega Chacra
Cinquenta y Cinco Pinot Noir

🍇 阿根廷Patagonia地區
🍷 黑皮諾（Pinot Noir）
Ⓓ 無
🍷 ❢❢～❢❢❢
Ⓢ $$$
🍎 ❦❦❦～❦❦❦

不論是為了虛榮或品味，這款在義大利葡萄酒界獨享歷史定位的名酒，都擁有絕對崇高的名聲和地位（以及相對保守的價格）。儘管我特別偏好有足夠日夜溫差造就飽滿濃郁和結實架構，又有優雅質地和絕佳均衡留下綿延餘味，暫居二十一世紀最好年份的2011年。但名家風範即便在其他年份也都有一貫優雅風格和水準。

在義大利酒書推薦阿根廷酒似乎不可思議，然而令人不可思議正是義大利葡萄酒的精髓。Bodega Chacra的主人Piero Incisa della Rocchetta，正是Tenuta San Guido主人的姪子，為了證明義大利血統在哪兒都能釀出好酒，他跟隨朋友召喚，落腳於阿根廷南部的帕塔哥尼亞。這款以種植於1955年葡萄樹釀成的單一葡萄園黑皮諾，有著涼爽氣候帶來的純粹迷人紅色莓果風味，酒廠同時擁有自然動力種植法和有機認證。

Chapter

2

氣泡酒

人生確幸
Prosecco, Lambrusco & Franciacorta

義大利人的印象，似乎總脫不了陽光、歡樂、喧鬧，很難和憂愁、抑鬱這類帶有負面情緒的詞彙扯上關係。充滿快樂義大利人的義大利，又恰好也是全球可能擁有最多氣泡酒的國家——這讓人很難不去聯想，類型豐富的氣泡酒，和快樂的義大利人，兩者間或許存在什麼複雜關係。我就認識一位眼中總閃耀智慧光芒的女人，在和朋友共六個人已經喝下十四瓶Prosecco之後，遇到了自己的完美人生伴侶。那些瀰漫著淡香的氣泡酒，確實能讓西方人、東方人、北義人、南義人、城裡人、鄉下人，都鬆弛、愉悅，甚至卸下心防，展現真我。

擔任丘比特的也可能是其他惡名昭彰（或聲名遠播，兩個反義詞常能貼切形容同種酒的不同發展期）的氣泡酒：藍布思柯（Lambrusco），或是凡嘉果塔（Franciacorta）。在這餐桌上常備氣泡礦泉水的國家，倘若每個省份都有獨特的葡萄品種，可想而知便會

被物盡其用。因此除非法律明文規範，否則創意十足的義大利生產者，大可用千奇百怪的方式，將葡萄做成任何可能需要或想要的東西，氣泡酒不過是諸多選項之一。這些氣泡酒可能用來自各地鮮少聽聞的特色品種，以任一手法讓瓶中充滿氣泡，更在顏色和甜度上發揮各種可能（帶甜味的此處暫且不提）。文中的先後順序無關品質，我們就從名氣最大的波賽柯（Prosecco）開始。

波賽柯（Prosecco）

在我初次造訪波賽柯（Prosecco）產區時，這種氣泡酒還只屬於「DOC法定產區」等級，釀酒用的葡萄品種只稱作同名的

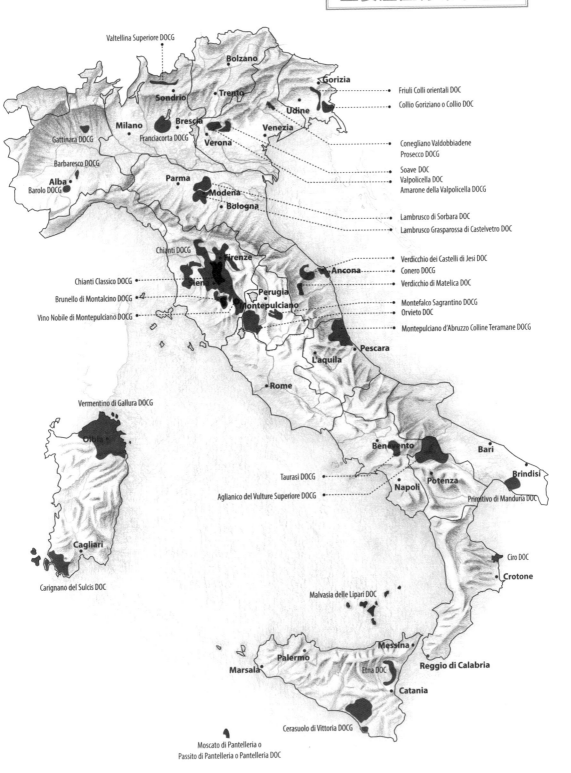

主要產區分布示意圖

Valtellina Superiore DOCG
Bolzano
Gorizia
Sondrio
Trento
Udine
Friuli Colli orientali DOC
Collio Goriziano o Collio DOC
Brescia
Venezia
Milano
Gattinara DOCG
Franciacorta DOCG
Verona
Conegliano Valdobbiadene Prosecco DOCG
Barbaresco DOCG
Parma
Soave DOC
Valpolicella DOC
Amarone della Valpolicella DOCG
Alba
Barolo DOCG
Modena
Bologna
Lambrusco di Sorbara DOC
Lambrusco Grasparossa di Castelvetro DOC
Chianti DOCG
Firenze
Verdicchio dei Castelli di Jesi DOC
Ancona
Conero DOCG
Chianti Classico DOCG
Siena
Verdicchio di Matelica DOC
Brunello di Montalcino DOCG
Perugia
Montefalco Sagrantino DOCG
Montepulciano
Orvieto DOC
Vino Nobile di Montepulciano DOCG
Montepulciano d'Abruzzo Colline Teramane DOCG
Pescara
L'aquila
Vermentino di Gallura DOCG
Rome
Olbia
Benevento
Bari
Taurasi DOCG
Potenza
Brindisi
Napoli
Aglianico del Vulture Superiore DOCG
Primitivo di Manduria DOC
Cagliari
Ciro DOC
Crotone
Carignano del Sulcis DOC
Malvasia delle Lipari DOC
Messina
Palermo
Reggio di Calabria
Marsala
Etna DOC
Catania
Cerasuolo di Vittoria DOCG
Moscato di Pantelleria o
Passito di Pantelleria o Pantelleria DOC

Prosecco，本地的大賣場很少找得到，也還未超越香檳成為全世界最暢銷的氣泡酒。這種酒的最佳產區，是只有新聞主播和相聲演員才能流暢讀出長達數音節的兩個小鎮：科內里亞諾—瓦爾多比亞代內（Conegliano-Valdobbiadene）。當地產的白酒既未在幾千年前受古代皇室或貴族喜愛，也不曾在幾百年前被顯貴名流作為彰顯地位身分的象徵。然而百餘年來的巧合，卻讓Prosecco從無氣泡的白酒，演變成今日在酒槽經二次發酵的氣泡酒。

兩個發音極度拗口小鎮連結起的狹隘區塊，恰好是平原遼闊的唯內多（Veneto）省裡，少數幾塊有丘陵起伏，多有陡峭山坡葡萄園的區域。於是適當的氣候土壤，讓當地特有的葡萄能在最佳狀況下，帶有白桃和青蘋果等清爽花果香，口感裡不只偶有杏仁，還能在輕盈酒體中富含礦物質。在我遍歷兩座小鎮間一處處風景如畫的地點，從家庭工廠的小規模農家喝到大規模名廠，從普遍酒槽二次發酵喝到罕見地仿效香檳瓶中二次發酵的陳年酒；從普通葡萄園喝到有特級葡萄園之稱的卡提茲（Cartizze）之後，我成了不折不扣的Prosecco愛好者，甚至願意替這種酒出來大聲辯護。

釀造Prosecco用的Glera品種，能有纖細香氣和可人酸度，在適合的地區，造就獨特迷人的輕巧型氣泡酒。

儘管用來釀製Prosecco的葡萄品種——葛雷拉（Glera，舊名Prosecco，在2009年部分產區升格為DOCG的同時也全面改用新名），並非多偉大的葡萄品種，但確有纖細香氣和可人酸度，能在適合的地區，造就獨特迷人的輕巧型氣泡酒。因此讓我願意辯護的，可不是每年產量可高達數億瓶的所有Prosecco。而是那些在好的生產者手中，表現出宜人花果或杏仁香，伴隨清淡小巧口感，來自冗長、拗口的最高級DOCG產區的Conegliano-Valdobbiadene Prosecco（隔鄰更鮮為人知的Asolo產區則是唯二的DOCG等級Prosecco）。這些不需等待陳年、價格也遠比香檳更親民的日常氣泡酒，正是無關貴族名流的奢華，六個人悠閒喝掉十四瓶也不會有

太大壓力的日常小確幸。不管是僥倖逃過交通罰單,對發票中了筆意外財,蠢兒子考試考一百,一瓶好的Prosecco都能帶來適切的撫慰或歡慶,更是能提振精神的義式良藥。

藍布思柯(Lambrusco)

十九世紀義大利作家Ippolito Nievo曾如此描述義大利中部艾米里亞羅曼亞(Emilia Romagna)省的首府:「波隆那(Bologna)一年吃掉的東西,相當於威尼斯兩年、羅馬三年、杜林五年或熱那亞十年的量」。儘管並非精確的統計,這個別名「胖子之都」、距離最美味的起士和火腿產地只有咫尺之遙的城市,確實有副好胃口。只

是產自鄰近小城摩德納（Modena）的藍布思柯（Lambrusco）肯定也出了不少力。以我的經驗，若沒有Lambrusco，潤澤香滑的帕馬火腿、濃醇豐厚的Parmigiano Reggiano起士、香酥可口的豬油炸麵餅Gnocco Fritto等，可就不一定能讓人一口接一口，還總想著下一口了。

這裡說的Lambrusco，可不是前科犯般有著不堪過往，在1960至1980年代的美國大受歡迎，以宛如氣泡糖水的形象，讓所有人只留下甜膩印象的東西。當地人從小喝到大的真正Lambrusco，其實是因冬季寒冷，才讓裝瓶後的葡萄酒因為常殘存少量糖分而無意間演變成的微泡紅酒。不只有著寶石般的紅豔色澤，偶爾帶紫羅蘭香氣，喝起來更像是綜合新鮮櫻桃和蔓越莓汁般充滿紅色

上 曾經擁有Cavicchioli
　 酒廠的這位Sandro
　 Cavicchioli，如今
　 仍然擔任該廠釀酒
　 師，也私人擁有其
　 他酒廠。

右 釀製Lambrusco用
　 的同名葡萄，可能
　 是義大利最古老，
　 成員也最豐富的原
　 生葡萄品種家族。

在有「油脂之都」之稱
的Bologna，Lambrusco
是用來搭配油炸或多油
脂食物的最佳良伴。

漿果風味和鮮明酸度，且隱約還冒著泡泡的玩意兒。嚴格來說，用同
名葡萄釀成的Lambrusco甚至算不上氣泡酒。因為根據法規，氣泡酒
（Vino Spumante）必須得有3～3.5的瓶內氣壓，然而多數Lambrusco
卻常是僅有2.5氣壓以下的微泡酒（Vino Frizzante）。Lambrusco或許
在視覺和觸覺上，只在剛倒入杯中時有微弱氣泡而隨即消散，然而鮮
明酸度帶來的清新口感，卻能在去油解膩方面有突出表現，值得所有
油潤餐桌熱烈歡迎。

　　Lambrusco的義大利血統展現，不只有氣泡和微泡的區隔。在
古老原生葡萄品種家族中歷史悠久的Lambrusco，不僅於十六世紀已
經在Emilia Romagna省留下文獻記錄，這些在Modena附近混得不錯
的葡萄，更在幾百年後，發展為今天成員豐富的Lambrusco葡萄家
族。因此在常使用的品種中，最重要的是常帶有野草莓風味，風格
細膩優雅，多種在Modena北部砂質土壤，以紫羅蘭香氣聞名的索巴
娜（Lambrusco di Sorbara）；名字更長、色澤更深、風味更豐厚，
有更多黑櫻桃、黑李風味和更多單寧的格拉絲巴羅莎（Lambrusco di
Grasparossa），則是多出現在Modena南部，且更能適應厚實土壤和山
坡葡萄園的手足。

　　靠著越受重視的品種，以及想法、作法不同於以往的生產者，
Lambrusco如今也一掃過去備受輕視的印象。首創於1988年的義大利
老牌葡萄酒評鑑Gambero Rosso，就在2010年首度將最高評價（三個
酒杯）也頒給Lambrusco。但是對今天這些用酒槽或瓶中二次發酵法
造就的些微氣泡紅酒，我總覺得三個酒杯還太不夠。不若Prosecco

那樣適合純飲或開胃的Lambrusco，卻是在有「油脂之都」之稱的Bologna，或任何餐桌擺滿肉類，充斥排骨等油炸食物，菜餚淋滿濃稠奶油醬汁的地方，可能需要一瓶、兩瓶，或者很多很多瓶的東西。事實上我在胖子之都沒見到幾個胖子，或許這正是熱愛Lambrusco的最好理由。

凡嘉果塔（Franciacorta）

義大利明明有許多氣泡酒，用的都是和法國香檳同一種釀造方式（瓶中二次發酵，或稱古典釀法metodo classico），但卻唯有凡嘉果塔（Franciacorta），坐享「義大利香檳」的封號和全球知名度。甚至在等級上，Franciacorta所屬的DOCG，都比產自隔鄰大區，名稱更好記、歷史更悠久，風土條件或許都更合適的特倫托（Trento）氣泡酒，要更高一級。兩種都是產自義大利北部，以和法國香檳相同的方式產出的氣泡酒。兩者背後也都有了不起的催生者，雖然以時間來看，早在1902年以不滿三十歲就催生Trento氣泡酒的年輕釀酒師Giulio Ferrari，算是占了先機。當年因為一場造訪法國香檳的研究之旅，激發他想在家鄉Trento附近用法國葡萄、按法國人作法釀氣泡酒，於是他用姓氏Ferrari開了酒廠，更在香檳還沒被法國霸占為專用名詞前的二十世紀初，已經生產出品質不俗的義大利「香檳」。

不知道是因為生意太好，或者太專注提升品質，沒有子嗣的Giulio最終在1952年，將自己創立的Trento氣泡酒始祖，轉讓給當時經營葡萄酒專賣店的Lunelli家族，成為延續數代至今的氣泡酒名廠。另一方面，在1954年，釀酒師Franco Ziliani卻是因為對曾喝過的法國香檳念念不忘，才在有機會到倫巴第亞區（Lombardia）的米蘭以東，以釀酒顧問身分幫一位貴族解決葡萄酒疑難雜症時，成功說服家境富裕又有優雅品味的Guido Berlucchi，在很短的時間內將名不見經傳的酒區，塑造成義大利最著名的「法式釀法」氣泡酒──Franciacorta的誕生地。

兩個相近的產區，都以源自法國的夏多內、黑皮諾、白皮諾等為主要品種，在釀造上也都詳細規範瓶中二次發酵所需的酒渣接觸時間（雖然Franciacorta又以18個月略長於Trento的15個月）。兩者在簡單輕巧的無年份版本，都能有清爽口感伴隨優雅的花香和梨子、黃桃等香氣；在經過更長發酵期的年份版本，則能有近似香檳的蛋捲、乾果

上　Berlucchi是一手將Franciacorta推上巨星地位的歷史酒廠。

下　Ca'del Bosco則是以幾十年光陰，就在義大利國內外都建立起崇高地位的Franciacorta名廠。

等豐濃滋味，同時具備相當陳年潛力。如果酒都出自名廠，具備相當的等級條件，我懷疑有多少專業人士能在盲品中分辨出法國香檳和義大利香檳的分別，儘管這些酒確實存在細微但可見的差異。

以Franciacorta和Trento來說，儘管兩地的土壤都富含礦物質，Franciacorta卻因緊鄰內陸湖而有更溫和的氣候，也有多數葡萄園位於混合礫石和砂土的廣闊平地，讓酒質相對更豐滿溫潤。位置更北更內陸的Trento一帶，葡萄園則只能狹隘蹐身於阿爾卑斯山分支，棲身於動輒有高聳山峰超過三千公尺的Dolomiti之間，更多位於數百公尺海拔的山坡梯田葡萄園，則讓酒很容易表現富含礦物質的風味，還具備更多來自明顯溫差的爽口酸度。

一手將Franciacorta推上巨星地位的Guido Berlucchi酒廠，早在1970年代就因太受歡迎，必須改成因應產量的權宜作法，而使用包括Trento在內的其他地區葡萄。是以，能表現氣泡酒特色的風味均衡葡萄，事實上存在於義大利的四面八方、分屬於各種不同產區。對義大利人來說，品嘗義大利「香檳」涉及一定程度的愛鄉情結，但是對非義大利族裔來說，義大利氣泡酒的樂趣，顯然不止幾種義大利「香檳」而已。

罕見地被當作郵票主題
的Berlucchi酒款。

Bisol
Crede

🪶 唯內多Conegliano-Valdobbiadene
地區
🍇 葛雷拉（Glera）等
Ⓓ Conegliano-Valdobbiadene DOCG
🍷 ❢～❢❢
Ⓢ \$\$
Ⓗ 🌱～🌶

因為使用葡萄和釀造方式，Prosecco的特色在於淡雅輕靈，首重新鮮年輕。一款符合上述條件的優質Prosecco，就會像我在Bisol酒窖裡嚐到的Crede那樣，有檸檬、青蘋果、白花和淡雅黃色水果的清爽甜香，搭配清新均衡口感，還能感到些許礦物質風味。酒廠許多重要酒款用的都是區內需要更費時費工照護的陡峭山坡葡萄園果實。除了傳統Prosecco，Bisol以瓶中二次發酵釀製的旗艦酒Relio，也有不同一般的優雅豐厚表現。

Cavicchioli
Vigna del Cristo

🪶 艾米里亞－羅曼亞Modena地區
🍇 藍布思柯－索巴娜（Lambrusco di
Sorbara）
Ⓓ Lambrusco di Sorbara DOC
🍷 ❢～❢❢
Ⓢ \$
Ⓗ 🌱～🌶

被譽為在產量龐大的同時，還能兼有無可挑剔高品質的區域酒廠。這款釀酒師Sandro接手後的首款作品，不但將產量減少三成，還大幅增加單位葡萄樹種植數量。結果讓經酒槽發酵的酒，帶有明亮酸度和紅色漿果風味，鮮潤可口。嘗試用瓶中二次發酵法釀成的同名粉紅氣泡Rosé del Cristo，則在保有豐富果香的同時，表現出本區罕見的優雅細膩。

Cleto Chiarli
Fondatore

🪶 艾米里亞－羅曼亞Modena地區
🍇 藍布思柯－索巴娜（Lambrusco di
Sorbara）
Ⓓ Lambrusco di Sorbara DOC
🍷 ❢～❢❢
Ⓢ \$
Ⓗ 🌱～🌶

不管酒廠名為Chiarli 1860或Cleto Chiarli，都是一家建廠於1860年，年產可達數千萬瓶的老牌酒廠。近年更強調高品質的Cleto Chiarli莊園，以瓶中二次發酵法做成的這款Lambrusco，呈現扎實酸度和酒體的鮮潤櫻桃香氣。相較之下，用同品種以傳統酒槽發酵做出的Premium，則因和酒渣接觸時間較短，顯得更淡雅輕巧，兩者都備受好評。

Bellei Francesco & C.
Modena Rifermentazione Ancestrale

🔧 艾米里亞－羅曼亞Modena地區
🍇 藍布思柯－索巴娜（Lambrusco di Sorbara）
Ⓜ Modena DOC
🍷 !~!!
⑤ $
🍽 🍒~🍒🍒

Sandro Cavicchioli不只是Cavicchioli酒廠轉手賣給Gruppo Italiano Vini前擁有酒廠的家族成員、今日Cavicchioli酒廠的釀酒師，也是在2003年買下Bellei Francesco酒廠，並專注於瓶中二次發酵的區內名廠現任主人。這款以傳統Ancestrale法釀成的微氣泡酒，將發酵尚未完成的酒液直接裝瓶，好讓繼續發酵所產生的些微氣泡以及酒渣，一起殘留在瓶中。釀酒師自稱是正港「當地」口味，以及他家過年的必備酒，絕佳紅櫻桃香氣和酸度鮮明的活潑口感，伴隨些許香料風味，鮮潤爽口，肯定很適合本地年菜，沒過年都想喝。

Ca'del Bosco
Cuvee Annamaria Clementi

🔧 倫巴第亞
🍇 夏多內（Chardonnay）、白皮諾（Pinot Bianco）、黑皮諾（Pinot Nero）
Ⓜ Franciacorta DOCG
🍷 !~!!!
⑤ $$$$$
🍽 🍒~🍒🍒🍒

只用了幾十年，Ca'del Bosco就在義大利國內外都建立起Franciacorta名廠的崇高地位，這款旗艦酒，更是用盡各種可能的堅持，打造出極致奢華風味。來自不同葡萄園的精選葡萄、只在最好年份、經小型橡木桶酒精發酵，再取出基酒之最精華部分成為最終調配，瓶中二次發酵更經七年以上酒渣接觸才大功告成。柔順綿密的氣泡、豐厚的結構，水果和乾果組成的濃郁複雜香氣口感，絕佳的酸度和陳年潛力，幾乎就像一款上好香檳。

Gini
Gran Cuvée Brut Millesimato

🔧 唯內多斯瓦維（Soave）
🍇 葛爾戈內戈（Garganega）、夏多內、黑皮諾約等比
Ⓜ Vino Spumante di Qualità
🍷 !~!!
⑤ $$$
🍽 🍒~🍒🍒

這款和著名的Prosecco同樣來自唯內多省，卻以單一年份的收成經瓶中二次發酵，等待至少六年酒渣接觸期才釀成的氣泡酒，因為使用獲有機認證名廠的風味飽滿果實，因而有充分表現品種風味的淡雅蜂蜜、白花、杏仁、青蘋果等香氣，伴隨緊緻結實的口感和綿密氣泡。

I Clivi
R_B_L Spumante Brut Nature

🍃 弗里尤利一維內奇亞一朱利亞
（Friuli－Venezia Giulia）
🍇 麗寶拉吉亞拉（Ribolla Gialla）
🏷 Vino Spumante di Qualità
🍷 ❢～❢❢
💲 $$～$$$
🍴 🥢～🥢🥢

身為弗里尤利的特色品種，本區的麗寶拉吉亞拉（Ribolla Gialla）儘管並非多數人熟悉的氣泡酒品種，但因本身有絕佳酸度，加上不凡的葡萄園位置、足齡老樹，以自然農法和釀造聞名的生產者，於是得以化為清雅迷人又獨具性格的絕佳氣泡。飽滿的酸度搭配花果植物清芳，還有淡雅礦物質風味和微鹹結尾，用稱為傳統Ancestrale法的瓶中一次發酵法釀成，具備一飲鍾情的絕佳品質。

Ferrari
Brut

🍃 特倫托
🍇 夏多內（Chardonnay）
🏷 Trento DOC
🍷 ❢～❢❢
💲 $$$
🍴 🥢～🥢🥢

Guido Berlucchi & C.
Berlucchi 61 Brut NV

🍃 倫巴第亞
🍇 夏多內（Chardonnay）、黑皮諾（Pinot Nero）
🏷 Franciacorta DOCG
🍷 ❢～❢❢
💲 $$$
🍴 🥢～🥢🥢

和著名跑車「法拉利」同名的特倫托氣泡名廠，自創業1902年起持續生產的經典酒款。儘管在酒廠的幾個系列當中，只屬於用料和培養都相對陽春、簡單的基本款，但已是經24個月酒渣接觸的瓶中二次發酵，也有淡雅的青蘋果和白花類清爽香氣口感，展現Trento氣泡酒的基本樣貌。

Berlucchi 61是酒廠在2009年為紀念當初Franciacorta誕生才推出的全新系列。在幾個系列中，尤其屬於口味清淡簡單，容易被大眾接受的易飲型態。雖然經過24個月的瓶中酒渣接觸，卻仍保有鮮明的白花、黃色水果香氣，口感淡雅均衡。更高等級的Palazzo Lana系列，則是經四到六年酒渣接觸，彰顯產區陳年實力之作。

Marco de Bartoli
Terzavia Cuvée Riserva VS

🔧 西西里Marsala
🍇 葛利羅（Grillo）
Ⓓ Vino Spumante di Qualità
🍷 ! ～ !!
Ⓢ $$$
Ⓗ 🥄 ～ 🥄🍴

一般認為北邊涼爽氣候才適合生產氣泡酒，義大利的獨特地形地貌讓南義接近非洲的西西里，擁有適合生產氣泡酒的風土氣候和品種。這款來自西西里的氣泡酒只是一例，同樣以香檳法經30個月酒渣接觸，品種的飽滿果味既有明亮酸度襯托，還有來自石灰岩土壤的海風和微鹹口感，印證了獨特風土。

Feudi di San Gregorio
DUBL Greco

🔧 坎帕尼亞（Campania）
🍇 葛雷科（Greco）
Ⓓ Vino Spumante di Qualità
🍷 ! ～ !!
Ⓢ $$$
Ⓗ 🥄 ～ 🥄🍴

身為義大利南部坎帕尼亞省的知名酒廠，Feudi di San Gregorio年輕的酒廠主人找來法國香檳區名廠Anselme Selosse一起合作推出以當地品種搭配香檳釀法製成的氣泡酒，問市不久就造成旋風。這款以當地傳統白品種Greco經24個月酒渣接觸製成的酒，在清爽果味外還帶有飽滿宜人的礦物質風味。

Chapter
3

薩丁尼亞

紅的還白的？
Vermentino, Cannonau, Carignano & Monica

原本以為薩丁尼亞就如電影一般：豢養食人野豬的荒郊偏野。在登上薩丁尼亞後，我才知道這裡還有天堂般的碧海藍天，以及吸引世界級富豪名流蜂擁而至的豪華酒店。然而，分居沿岸和內陸，有著天壤之別的這兩種薩丁尼亞我都無緣一見。但是，我倒是在旅途中邂逅了Monica。Monica毫無疑問是新朋友Viola與無數島民心目中薩丁尼亞最好的酒。Viola口中的莫妮卡「Monica」，是薩丁尼亞島上野孩子般漫地生長的葡萄品種，其實在全球釀酒葡萄中也實屬罕見。Viola使出全身氣力，用古董開瓶器好不容易將我人生第一瓶Monica的瓶塞完整拔起，那一刻，這種曾被描述為「行家用奢華酒款」的品種，喝起來卻既不行家也不奢華，反而讓我覺得和薩丁尼亞化外之地的特立獨行十分貼切：不論好壞，都很「非義大利」。

這瓶在附近超市只賣幾歐元的Monica紅酒，在低溫下顯得清淡爽口，有紅色莓果和微酸，以及幾乎喝不出的單寧。Viola說：「我和朋友們都喜歡Monica，我們每次去海灘，最常喝的就是Monica。」當然，喝起來幾乎不像在喝酒，很容易一杯接著一杯，風味可愛又有微酸，價格親民還有引人遐思的酒名，親和力十足又夾雜著點難以言喻的草本植物或皮革野味般的香氣，難怪Monica在當地會廣受歡迎。當我以為在當地餐廳能毫不費力找到Monica，而信步去到附近餐廳，卻只見厚厚菜單和酒單，充斥著各種迷惑人心的麵點和醬料，唯獨不見Monica蹤影。但是在薩丁尼亞滿是蛤蠣、章魚等海產的海島餐桌上，連烏魚子都是日常產物，怎會不見葡萄酒。酒當然是有的，只不過多數時候，沒人會知道這些葡萄的名字。但這不代表餐廳裡的人，能允許你用超過五秒的時

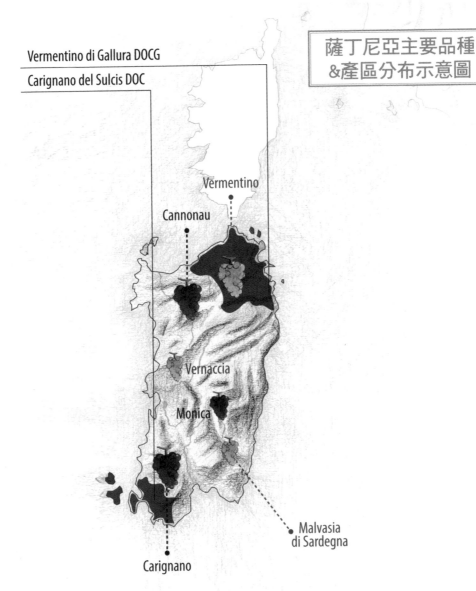

Vermentino di Gallura DOCG

Carignano del Sulcis DOC

薩丁尼亞主要品種
&產區分布示意圖

Vermentino

Cannonau

Vernaccia

Monica

Malvasia
di Sardegna

Carignano

間選擇葡萄酒，除非你希望自己的品味被嚴重質疑。

Rosso o Bianco?

「Rosso o Bianco？」餐廳裡的侍者往往若無其事地問：紅的還白
的？彷彿選擇葡萄酒只需要不是色盲就夠了。當然在某些地方，稱作
「Rosato」的粉紅酒也是可能的選項。「Bianco」，我於是在三秒內
選定白酒搭配海鮮大餐。然而環顧嘈雜的餐室之後，我卻發現儘管許
多人吃的都是海鮮，桌上也不乏紅酒。難怪類似Monica這類少有單寧
的紅酒會大受歡迎，因為這正是能適切搭配海產的紅酒類型。在此起

彼落的「Rosso o Bianco？」聲之外，薩丁尼亞的餐室還能聽見一種至今仍讓我念念不忘的美味聲響。那是稱為carasau（或稱pane carasau）的特產，如紙般輕薄脆餅發出的聲音。這些往往呈圓形或B4大小長方形的脆餅，是餐廳桌上像麵包那樣必備的玩意兒。一家好的餐館，幾乎都有透著淡淡麥香又極其輕薄爽脆的carasau，用手把整片carasau掰成小塊，乃至於入口咀嚼時發出的清脆聲響，更是一雙飢腸轆轆的耳朵能聽到的最美樂音。

不過，薩丁尼亞真正讓我困惑的不是聲音，而是氣味。即便只在島上，多半做成簡單易飲，沒有複雜層次，甚至不勞動記下品酒筆記的Monica，都在開瓶幾天後，出現一種字面上被我歸為「foxy」的味道（其實從未真正證實過到底是狐狸抑或浣熊），介於煙燻、野味，又雜有動物、毛皮乃至於青澀植物的異樣氣息。甚至在盤桓數日的北部城鎮Olbia，我總覺得在春天冷冽的空氣中，不時瀰漫著像是燒柴生火的宜人煙味。我試圖向當地人探尋氣味的由來，他們卻都顯得滿臉困惑，要不全說沒感覺，要不就巧妙迴避問題。連名片上用不顯眼小字印有「博士」頭銜的Cantina Gallura酒廠一老一少兩位型男釀酒師，都對我的謎樣氣味，提不出個解釋。於Gallura酒廠釀Vermentino快三十年的Dino倒是對自己（同時也是整個薩丁尼亞）引以為傲的維門提諾（Vermentino）白葡萄，在薩丁尼亞的特有氣味，，三兩下就給了答案。

Cantina Gallura

　　大多數的葡萄酒愛好者，過去都對義大利的紅酒，投注較多關愛的眼神，事實上一直飽受冷眼的義大利白葡萄品種，才是近年吸引國際矚目的焦點。對Dino來說，Vermentino則是他幾十年來一直不變的最愛，所以Gallura酒廠的Vermentino，其實是從氣泡酒到無氣泡酒；試過在鋼槽、橡木桶等不同容器發酵；試過低溫泡皮、和酒渣長期酒渣浸泡等等。Dino幾乎把一個釀酒師能對一種白葡萄所做的事全做盡了。於是這裡的Vermentino，自然囊括品種能有的各種表現，從帶著均衡酸度的清新爽口，到具備更多結構和酒精的豐滿濃重；從淡雅的檸檬、黃蘋果，到更甜熟的熱帶果香，或帶有蜂蜜、白花，甚至草本植物的迷迭香與百里香氣息。

　　偏偏我在年輕的Gallura酒款中，總覺得聞到一種像是「灰燼」的氣味，Dino於是拿起年輕釀酒師Andrea剛從葡萄園裡順手拾來的石塊摩擦了兩下，說：「你聞」。的確，那充滿打火石和礦物質的強烈氣

味，說不準就是「灰燼」的由來。事實上，當天在Andrea帶我造訪一塊近海又位於山頂，有強風不斷吹拂的頂尖山坡葡萄園時，他就以堅定語調告訴我，Gallura區的Vermentino，正是因為當地的花崗岩土壤和近海風土，才能具備在盲品中都能清楚辨識的礦物質口感，還有令人聯想到海風的微鹹後味，鶴立雞群於義大利為數眾多的Vermentino產區。

　　不過，我再度想到Dino，卻是幾天後在薩丁尼亞第二大城Sassari的事。所謂的第二大城，只是比小鎮稍大一點的廣場、稍大一點的教堂，以及多一些行人和商店的街道。就在我百無聊賴、逛完空無一人的博物館，準備尋覓餐館的當兒，在火車站附近的一排商店裡，發現了一家氣氛詭異的店鋪。聚集在裡面的是不少狀似身懷六甲的中年歐吉桑，以及背影看來頗凶惡的飆形大漢。也許是駐足在門外朝裡窺探的獨行東方女子，對當地人來說實在罕見，一名準備上門的大叔竟然和我比手畫腳一陣後把我也順勢拉進店裡。一旦縮短了距離，我才赫然發現，這些擠在狹小店內的男人，其實是人手一杯葡萄酒的同時，正三五成群地高談闊論。還只是週末午餐前的正午時分，他們身上已經或多或少傳出些快樂的酒氣，原來這是家葡萄酒店，只要花幾塊錢就能喝到直接儲在不鏽鋼酒槽的各種當地葡萄酒，喝到中意的，便能照價沽酒，直接拎上一桶回去。在歐吉桑組成的萬綠叢中，有個嘴裡還吮著棒棒糖、臉上卻一派老成的漂亮小女孩特別引人矚目。這看來像是跟著爺爺在週末補充餐酒的孩子，顯然早已習慣這慣例，我突然想起Dino臨別前提及，其實他是因為小學時代，祖父往往在上學前會特准他喝一杯甜味Vermentino，才從此愛上葡萄酒，也才有日後接掌家業、走上專注釀造Vermentino的這條路。眼前漂亮的女孩則讓我不禁幻想，這溫暖的回憶，也許日後會讓這孩子成為另一位從此改變薩丁尼亞的女釀酒師。

　　幾天之後，我告別了Olbia，在近四小時的火車旅程後，抵達
南部的海港省會卡里亞里（Cagliari）。相較於主要集中種植在北部
Gallura地區的白酒品種Vermentino，薩丁尼亞兩個更被當成一回事的
紅酒品種（Monica顯然不在此列），在經過各方專家的漫長爭論之
後，似乎已經確定並非義大利原生，而是因隸屬西班牙的過往才被引
進的「祖籍」西班牙、業已「薩丁尼亞」化的卡農佬（Cannonau，
西班牙稱Garnacha，法國等地稱Grenache）和卡麗娘（Carignano，西
班牙稱Mazuelo，法國稱Carignan）。照首都老牌葡萄酒專賣店主的
說法，Cannonau素有「薩丁尼亞之魂」的稱號，因為種植廣泛、價
廉物美，加上酒體豐潤，又有圓熟甜美口感還少艱澀單寧，在漿果、
草本植物和香料的香氣組合下，擁有比擬Monica的高人氣。另一方
面，能有更多酸度和單寧，不見得討喜但潛藏更優雅可能性的，則是
我們都更偏好，對環境更挑剔，往往需要老樹才能發揮極致潛力的
Carignano──主要產自島的西南角，正好是我此行的目的地。

Agricola Punica

　　車子經過漫長的荒野，在寫有斗大Santadi字樣的建築物群前停
了下來。明明約的是Punica酒廠呀？原來，由島上著名合作社酒廠
Santadi和在托斯卡納擁有Sassicaia的名廠San Guido酒廠合作設立的

Punica，是一家坐擁170多公頃的自有葡萄園，旗下Carignano頂級酒早就躋身薩丁尼亞名酒之列，但至今依舊是一間沒有自家釀酒設備（仍和大股東Santadi共用）的「幽靈」名廠。幽靈名廠的成功背後仍有一位扎扎實實的推手：曾經打造出眾多義大利名酒的知名釀酒顧問Giacomo Tachis。

在1990年代來到薩丁尼亞的Tachis，原本意在找尋足以比擬Sassicaia成功故事的素材。他很快發現兼具高酸度、高單寧，不容易成熟還可能多病的Carignano，果然在薩丁尼亞南部這些多陽少雨、乾燥又總吹著冷風的石灰岩質黏土土壤上，不僅能脫胎換骨，還像經頂尖造型師巧手打理過似地，突顯所有優點。在別處往往只用來增加酸度的Carignano品種，在這兒卻從小龍套成了大當家。Punica的Carignano就在奔放豐沛的莓果香氣外還有水潤酸度與柔和單寧，品嘗酒廠尚未進行調配的新年份Carignano時，我甚至覺得Carignano是如此豐美多汁，鮮純有料，根本不需要再加入其他品種，就已經十分完滿足夠。

事實證明，Tachis設想的三個臭皮匠果然比一個諸葛亮更豐富生動。在Tachis主導下，Punica的兩款紅酒雖然都以Carignano為主，卻分別透過調配不同比例的卡本內、梅洛、希哈等國際品種，不只卸除了部分愛好者對「薩丁尼亞」酒可能存在的心理障礙，還帶來更豐富的香氣酒體，在具備陳年潛力之外更添優雅均衡。至於兄弟酒廠Santadi最有名的Carignano旗艦酒——Terre Brune，則在兩家酒廠策略性區隔風格的安排下，只混和5％其他品種，並選用未經嫁接的葡萄樹果實。Terre Brune因此有更濃郁厚實的黑色果香，且更接近單獨品嘗Carignano時感受到的均衡酸度和水潤口感，還有更多屬於地中海的香草馨香，在薩丁尼亞仍然冷冽的春日午後，帶來儼然蔬菜燉肉般的豐盛溫暖。

在Punica酒廠，土生土長的薩丁尼亞人Salvatore，被我問到酒廠接下來的發展時，沒有半點浮誇大計，只是平淡地回

已達含飴弄孫年紀，還天天在酒窖裡晃來晃去的Santadi總裁，Antonello Pilloni先生。

答：「先有自己的酒廠吧」。遺世獨立的薩丁尼亞，或許在漫長歷史的反覆中，早悟出事物運行的道理，知道該如何面對流行。當義大利其他產區紛紛在1990年代，一窩蜂投入國際品種的種植釀造，接著又在本世紀初先後回頭尋根之際，在這座羊比人多，主要由合作社酒廠（Gallura和Santadi恰好都是）主導葡萄酒業的島上，卻謹小慎微，看似進步緩慢，實則保留了更多當地品種，費足時間找出葡萄的鮮明性格，做出許多趣味盎然但不見得廣受國際喜愛（縱然在島上備受愛戴）的葡萄酒。至於Monica對不對你我的胃口，這些薩丁尼亞人擺明了毫不在意。

　　薩丁尼亞和義大利並不相連，卻仍是義大利的一部分。一如義大利其他地區，這裡的學齡前兒童已經習於跟著家人在假日沾酒，小學生便具備了在餐桌上確保自己佐餐酒的權利。島上的居民，很可能都有幾個家裡種葡萄做酒的親戚，雖然不一定叫得出葡萄品種，然而「Rosso o Bianco？」卻是他們五秒內就能回答的問題。義大利北部的人可能一輩子沒去過南部；鄰村的人可能一輩子只喝自己村子的酒；這個村子叫「肥皂」的同一樣東西，到了隔壁村可能就叫「小翡皂」，大夥兒還堅稱兩者絕對是迥異的玩意兒。薩丁尼亞固然是義大利，卻也和義大利其他角落一樣，很不「義大利」。

Santadi
Terre Brune

🍇 薩丁尼亞Sulcis地區
🍷 卡麗娘（Carignano）等
DOC Carignano del Sulcis DOC
　Superiore
🍷 !!!～!!!!!
💲 $$$$～$$$$$
🍷 🍷🍷🍷～🍷🍷🍷🍷🍷

幾乎是以百分百Carignano（實際混和約為九成五）製成
的這款酒，來自公認最適合Carignano，近海混和砂質與
黏土的紅褐色土壤產區，特別選用未經砧木架接的老樹果
實，因此不只在香氣表現上相當豐厚多元，還有飽滿綿長
的口感和餘味，陳年潛力十足。

Cantina Gallura
Piras

🍇 薩丁尼亞Gallura地區
🍷 維門提諾（Vermentino）
DOC Vermentino di Gallura DOCG
🍷 !～!!
💲 $$
🍷 🍷～🍷🍷

儘管在酒廠的各種Vermentino當中，不乏運用更多釀造技
術、選用更高成熟度、更低單位產量的葡萄、經過更長
培養期間，以獲得更濃厚風味、更高知名度、價格也更
高的其他酒款，但是Piras相對清爽又具備特色礦物質風
味，仍然是我心目中最容易親近，也是最適合多數人初
次接觸的Bianco，尤其擺在充滿海味的豐盛餐桌。

Punica
Barrua

🍇 薩丁尼亞Sulcis地區
🍷 卡麗娘（Carignano）等
DOC Isola dei Nuraghi IGT
🍷 !!!～!!!!
💲 $$$
🍷 🍷🍷🍷～🍷🍷🍷🍷

這款以約八成五的Carignano，搭配
少量卡本內蘇維濃和梅洛組成的酒
款，能在紅黑莓類漿果、巧克力甜香
外還帶有結實單寧，並且在不同年份
和成熟度間，表現出香料、皮革、香
草類植物，乃至於橄欖或燉肉氣息。
豐盈飽滿卻又不缺鮮潤多汁的酸度，
讓酒能在濃郁飽滿的同時仍顯玲瓏有
致。

Chapter

4

紅酒ABC

化簡為繁

Amarone, Barolo, Barbaresco & Chianti

簡化的義大利文為「semplificare」，看上去不是個簡單的字，我也懷疑義大利或許並不存在「簡化」的概念。沒有「簡化」，不只因為所有事物其實深遠地盤根錯節到無可簡化，也或許因為義大利並無「簡化」的需求，因為當所有人早習於亂中有序、生來即養成在千頭萬緒中爬梳鑽謀的本領時，龐雜紊亂反而是舞台上必備的華麗背景。於是，所有試圖簡化的嘗試，都註定迎來失敗的命運。

是以，倘若你已不介意從午餐前到就寢（或者一天中的任何時段）隨時隨地來幾杯Prosecco（或更慎重其事的Franciacorta）；一聽到「Rosso o Bianco？」就能立即機械化做出回應，那麼我想你已經完全具備了義式飲酒作樂的基礎，無須強求通透義大利「最重要」的紅酒。因為，義大利並不存在什麼「最重要」的紅（或白）酒，對來自不同地區的人來說，只有自己家鄉、自己村子產的，才是最好也最重要的。所有大大小小、知名或不知名、濃郁或清淡的各種酒款類型，

往往也像一個義大利人身後的那一大群義大利人，免不了在經過種種糾結、變形，歷經衝突和解決疏通之後，從一種又變出相互關連的許多種。對所有沉陷於義大利葡萄酒的人來說，正是這莫名其妙的多樣性讓人深深著迷。

倘若非得選出最重要的義大利紅酒，我會勉為其難地挑出，沒聽過可能會在人前抬不起頭的ABC：首先是來自東北部羅密歐與茱麗葉故鄉唯內多中幾乎用葡萄乾做成的A——阿瑪羅內（Amarone），因為甜香滿溢、豐潤討喜，任誰都很容易把這價格不斐的酒不當成酒，一喝著迷；西北皮蒙（Piemonte）區的雙B——巴羅鏤（Barolo）、巴巴瑞斯柯（Barbaresco），雖然有響亮的「酒中之王」

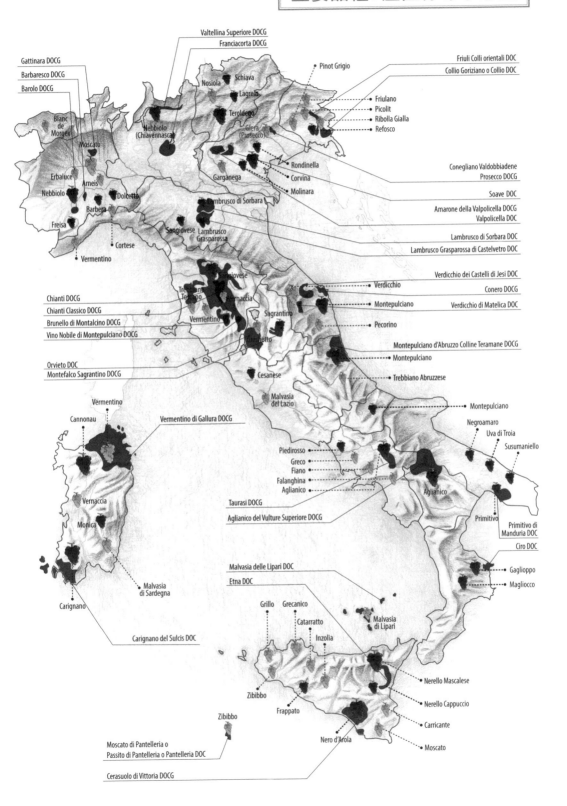

主要品種&產區分布示意圖

稱號,有無比崇高的地位和價格,有幽微細膩的種種差異,不過這其
實是連經驗頗豐的愛好者都該保持距離、生人勿近。因為一不小心,
幽微細膩就可能被認為是劣化有問題,強烈的性格,更可能讓沒準
備好的人從此留下陰影。至於C,則是產自中部托斯卡納,全球知名
度最高,離餐桌最近的古典奇揚替(Chianti Classico)。只要不畏懼
番茄醬料義大利麵,不排斥清新水果的酸度,都可能覺得一杯好的
Chianti Classico,實在是餐桌上不可或缺的玩意兒。

阿瑪羅內(**Amarone**)

　　Amarone其實是屏障在羅密歐和茱麗葉故事舞台的維洛納
(Verona)北部、宛若五根手指般展開的瓦波利伽拉(Valpolicella)
產區內,從來不存在的東西。直到二十世紀後半,某個美麗的錯誤,
又或者某位性子實在儉省的當地生產者,執意想替「釀壞的酒」找出
某種新用途,Amarone才得以問世,甚至緊抓突如其來的好運,在短
短幾十年,一躍成為風行國際,價格也跟著扶搖直上的義大利「名
酒」。當然,Amarone本身的條件也確實不錯。如今我仍記得初嘗
Amarone時,自己是如何陶醉在名廠Amarone甜美的櫻桃、巧克力、
葡萄乾等香氣,臣服於平滑柔美的單寧,暈陶陶地立即愛上這種酒

（想像中的情愫甚至持續了好一陣子）。因為這用風乾葡萄做的酒，往往有甜潤厚實的濃郁風味，讓人一飲就傾心，完全失去抵抗力。

　　Valpolicella這塊可直譯為「多酒窖谷地」的區域，在長達數千年的釀酒歷史，早就有將葡萄風乾後釀成風乾葡萄甜酒（Recioto）的習俗。儘管位於東北義的地理位置，讓該區收成期的氣候不比南義或西西里等地來得乾燥穩定，但或許因為過去葡萄在當地並不常見足夠的糖度和酒精，因此地方特有性格並不突出的品種如科維那（Corvina）、科維儂內（Corvinone）、隆第內拉（Rondinella）、莫里那拉（Molinara）等，往往只有兩條出路：一是混釀成清淡爽口，帶有櫻桃和紅色漿果風味，適合在年輕時儘早飲用的清淡易飲型Valpolicella；二是乾脆風乾濃縮，更費時費工地讓葡萄先「脫水」，使糖分和風味更濃稠集中後做成更甜更濃的風乾葡萄甜酒，酒中還殘留未發酵完的糖分，在當地稱為雷巧多（Recioto）。

　　這些遠比一般葡萄酒更甜更濃，又有更高酒精濃度適於保存的Recioto，於是不只在當地適者生存，幾百年來還一直備受珍重。儘管濃厚甜美的風味以現代人的口味來看，或許更像是複雜香濃到非比尋常的美味糖漿，只適合在少數場合偶爾一啜。至於直至上世紀1950年代才意外開始出現在酒標上的Amarone，據傳是某次釀Recioto時，原該殘留在酒中的糖分，因為不小心發酵完全才產生的「失敗」作品。這些將風乾葡萄的高糖分盡數發酵，因此酒精濃度更高的酒，雖然口感嘗來不比Recioto甜美，卻保有風乾葡萄的濃郁風味和結實架構。於是，及至1990年代，這些濃重厚實，少澀又有甜香的Amarone，因為

右　產自Verona北部
　　Valpolicella谷地的
　　Amarone，其實是
　　晚近產物。

和突然開始擁抱義大利葡萄酒的美國市場胃口一拍即合，便在很短的時間內，突然成了眾人搶製的頂級名酒。

一旦風水開始輪轉，Amarone的熱潮也很快進入高速時代。兩種都用風乾葡萄釀的酒，一邊是不留殘糖的不甜Amarone，產量在1990至2003年間長成三倍；另一邊因為留有殘糖而帶明顯甜味的Recioto，則是和國際間其他許多頂級甜酒一樣，味道越甜越濃，銷路反而越走越窄。偏偏這是在以威尼斯商人聞名的東北部，於是腦筋動得快的當地酒商，遂把和風乾葡萄無關，本該清麗的Valpolicella，也開發出更濃更厚，更朝Amarone靠攏的進化版本。當初在1964年首開風氣之先，將Recioto的殘骸——風乾葡萄酒渣，加入本來清淡的Valpolicella，將其「再浸泡」的Masi酒廠，或許只是純粹想在釀酒技術突破創新。孰知這種經過所謂「Ripasso」再浸泡工法的Valpolicella，因為具有比一般Valpolicella更濃郁的風味而廣受歡迎，於是工法從一家傳到大家，成為區內群起效尤的普遍作法。

經「Ripasso」釀成的「加強版」Valpolicella，在Amarone掀起風潮後，在各種攀龍附鳳的行銷意圖下，演變出「窮人Amarone」、「小Amarone」等稱謂，幾年前還獲得獨立的DOC分級。但是窮人的Amarone畢竟不是Amarone，這種如今也飽受爭議的作法，充其量是讓愛酒人能在本該淡雅的Valpolicella，和極其濃厚的Amarone之間，多了折衷的選擇。至於我對Amarone那如今已不再熾熱的情意，或許只在反映人性，說明葡萄酒愛好者是如何朝三暮四、求「新」若渴。

Monte Dall'Ora

因為對Amarone曾有的想像和迷戀，Valpolicella於我也是個曾共同擁有更多歷史，造訪酒廠和次數更多，情感也更深厚的區域。但是Monte Dall'Ora，卻是少數如今才首度拜訪的區內酒廠。因為這其實是宛如Amarone崛起，晚近才因為一段愛情故事，而夢幻地從無到有的酒廠。

一如本區其他最富盛名的酒廠（如Giuseppe Quintarelli），拜訪Carlo和Alessandra位於山坡上的酒窖和葡萄園，事實上就是踏入他們的生活場域，再推開幾扇門，就能走進他們的廚房和客廳。因此，對像這樣實際住在自家葡萄園旁，只有幾公頃的小型生產者而言，所謂有機種植或自然動力種植法等更辛苦的農法選擇，很多時候其實像是

灑掃門庭或維護自身健康，能不假思索就做出的唯一抉擇。

客廳牆上，掛著當年兩人在葡萄園裡神采飛揚的結婚照。太太 Alessandra告訴我，當初Carlo選擇在1995年買下眼前還一片荒蕪的田地，兩人其實才交往半年，忐忑的她全無未來設計，但是Carlo心中卻似乎早就描繪出一片美好的遠景。幾年下來，隨著兩人步入婚姻，孩子陸續問世，這塊曾經荒廢多年的葡萄園，竟也在出身農家的兩人胼手胝足下，像是按著Carlo的設定，從只是販售葡萄到實際釀酒，一步步靠著家庭成員和親友支持，成為以風格明淨在國際上備受好評的生產者。

如果不是透過實際拜訪，很難想像Carlo操著並不流利的英文，熱情翻動新買葡萄園的土壤，努力想要讓我眼見植物根系強韌抓土力，聞到富生命力土壤，充滿新鮮氣息的樣子。即便是在住家旁的葡萄園，Alessandra隨手摘下的葡萄，嘗來都有明顯酸甜均衡的豐富滋味，成為酒中鮮活風味的基礎。出身農家、本身也學農的Carlo，據說直到幾年前都還跟著高齡九十多歲的父親一起進行日常農事，持續跟著老一輩從實務中學習。至於曾經只是辦公室文員的Alessandra，已經能侃侃而談釀造技法，提及在基礎的Valpolicella中添加風乾葡萄，雖然能讓酒變得更濃厚，有更多糖分酒精，但也有更高風險，可能動輒就失去均衡。

對於並不刻意追求濃厚甜美的Monte Dall'Ora來說，除非年份實

左　Monte Dall'Ora酒廠的Alessandra，住家旁就是自家葡萄園。

在需要補強，否則針對希望能保有Valpolicella清新風味和鮮活易飲的特質，不會刻意添加風乾葡萄。在釀酒方面也盡可能自然，不用人工酵母、二氧化硫讓其保有鮮潤飽滿的均衡果味，還有開瓶後經得起長時間發展的強韌生命。令我印象特別深刻的是，連利用Recioto殘骸再發酵的Ripasso，喝起來都在濃郁中不見陳滯，有豐厚口感又不失輕靈；至於優雅均衡地在香料風味中保持甜而不膩的Reciotto，則是醇厚又新鮮的美好滋味，不只讓葡萄酒作家幾乎忘了是在工作，還替快樂農家的愛情故事畫上完美句點。

Giuseppe Quintarelli

同樣屬於家族經營的快樂農家，Quintarelli的酒窖卻不只在Negrar村占據比Monte Dall'Ora更高海拔的地理位置，在整個Valpolicella產區，Quintarelli都代表少有人能比擬的崇高地位。只是，這些並不歸功近年才主事的年輕接班人，2012年以八十四歲高齡辭世的Giuseppe Quintarelli，才是為酒莊贏來盛名的已故大師。多年前初次拜訪，曾經眼見當時已將酒廠日常工作交棒給年輕人的老先生，在櫻桃採收期面對一顆顆新採櫻桃認真篩選的情景。那幅如今仍讓人難忘的畫面，或許正是老先生之所以成為一代宗師的簡單原因。

1950年代，老先生才二十出頭就追隨家族傳統，接棒葡萄農工作。早在區內還沒人開始在意品質，只顧著增產謀利的年代，他就因為凡事要求完美的性格，不只對篩選葡萄特別在意，甚至做出當時多

如今的Quintarelli，在酒廠的一代宗師Giuseppe Quintarelli（圖左）過世後，則改由女兒和外孫Francesco接手。

數生產者無法想像的決定：罔顧利益地在品質較差的年份，將酒款降級或直接放棄。因為堅持推出準備好的酒款，Quintarelli的酒都以歷經漫長陳年聞名，就算今日造訪酒窖，嘗到的仍多是酒廠在七、八年前、甚至十多年前釀就的酒。

幸好這些歷經時間考驗的酒從沒讓人失望，飽滿圓潤，厚實卻不失均衡的風格，往往在長期陳年後展現罕見的絲滑結實。Quintarelli以刻意控管的精選少量，透過風乾葡萄和調配造就的濃郁複雜，讓這些質地厚重又經長期培養的酒，平滑如絲絨厚毯般不覺單寧，連往往容易突出的高酒精，都能細微均衡到幾乎無形。據說老先生曾在被問到成功秘訣時，說自己向來遵守自己定下的原則，不隨潮流起舞。同時，還得在不棄守傳統的情況下與時俱進。因此他在1980年代首開風氣，將國際品種如卡本內蘇維濃也引進區內釀製風乾葡萄酒，甚至讓喝過的人感覺，風乾葡萄酒或許才是卡本內的最佳歸宿。隨著老先生辭世，如今的Quintarelli則由女兒和曾在米蘭學商的外孫Francesco一家接手。

從酒窖外遠眺，在落日金色光芒下的Valpolicella山谷恬靜依舊，酒窖裡，正忙著監督廠內大興土木的Francesco，和老先生的時代，看來顯然不同。儘管肩上壓著必須維持金字招牌不墜的重擔，這年輕的一代似乎對老一輩的成功哲學已經多有領悟：「我們不會改變什麼」他是這麼說的。

Guerrieri Rizzardi

臉上看起來，明顯比多年前更添歲月痕跡的Giuseppe Rizzardi，倒是和上次見面又有許多不同。雖然從他停下來回答快遞小弟問路的樣子，看不出半點貴族架子，但這位可是位貨真價實的貴族之後，對酒廠來說，更幸運的是，他真正熱愛農業、熱衷此道。由Guerrieri和Rizzardi兩個貴族世家聯姻才在二十世紀初建立的這家酒廠，實際上是傳承Rizzardi家族早在十七世紀擁有莊園和酒窖的歷史酒廠。今天的Rizzardi，分別在省內釀紅酒的Valpolicella產區，用同品種釀出風格更清淡的巴多里諾（Bardolino），以及釀白酒的史瓦維（Soave）等不同產區都各擁酒窖和莊園，甚至也產Prosecco。但是負責掌舵的Giuseppe，卻難能可貴地仍保持幾年前我所見識的熱誠和投入，還似乎隨著人生角色的轉變，對酒有更深的體會和見解。

上　掌管Rizzardi酒廠的
　　Giuseppe Rizzardi，
　　是熱愛農業的貴族
　　之後。

不同於幾年前帶著我在酒廠陡坡葡萄園裡爬上爬下，說明農事和農法如何影響葡萄品質時的神采奕奕，這次Giuseppe在提及釀酒哲學時，卻讓人意外察覺他隨年齡增長的智慧圓融。或許是因為貴族出身，受過良好教育的背景，Giuseppe提及當年他返家接掌家業後，每每在做出決定前，都不只先思考還會先問問題。比方酒廠如今在Valpolicella莊園，罕見地產有一款百分之百梅洛。這塊如今專門用來種植梅洛的地塊，卻是過去在酒廠有三十年經驗的葡萄園經理口中，曾是整個莊園「最讓人頭痛的地塊」。因為在這多黏土和淤泥的潮溼地塊，以往種植的傳統品種總難有令人滿意的表現，在Giuseppe大膽決定改種更適合此類土壤的梅洛以後，「最令人頭痛的地塊」竟從此成為深厚又有架構的梅洛「最佳地塊」。

在我到訪的收成期，恰好是一年裡最忙亂的時間。臉上略帶倦容的Giuseppe也不諱言，2014年將會是個產量必須因嚴格選果而大幅降低的年份。對於他想要達到的，具備複雜風味和較長餘味的高品質，或許這不會是個能輕鬆達陣的年份。但他也提及，隨著近年的經驗越豐，在釀造上也開始能容許越多彈性。很多必須視當天現場情況做的臨時安排，甚至會讓在酒廠值班的年輕幫手抱怨，無法預先安排假期。幸好，Rizzardi的酒，嘗來有一貫的鮮潤柔美，甚至在一些往往容易過度濃甜的酒款類型中，都因為加入的少量巴貝拉（Barbera）和山吉歐維榭，而有鮮活酸度維持均衡。在不同類型和價位間都表現沉穩的Rizzardi酒款，似乎也像多年後仍難得保持熱情的Giuseppe，展現出歷史名廠才有的大家風範。

Monte Dall'Ora
Valpolicella Classico Saseti

🍇 唯內多Valpolicella地區
🍷 科維那（Corvina）等
Ⓓ Valpolicella Classico DOC

🍸 ❢❢~❢❢❢
Ⓢ $$
⌂ 🍎🍎~🍎🍎🍎

曾經在春天造訪Valpolicella時，在櫻桃成熟的季節，品嘗過幾次
從樹上現採的櫻桃滋味。這款以科維那（Corvina）、科維儂內
（Corvinone）占比約七成的Valpolicella傳統調配，如實呈現品種
常見的新鮮櫻桃香氣口感，並在未經木桶培養下帶有爽口酸度和
些許香料。恰如其分表現Valpolicella地區應有的清新迷人。

Giuseppe Quintarelli
Valpolicella Classico Superiore

🍇 唯內多Valpolicella地區
🍷 科維那（Corvina）等
Ⓓ Valpolicella Classico DOC

🍸 ❢❢~❢❢❢
Ⓢ $$$$$
⌂ 🍎🍎~🍎🍎🍎

從任何標準來看，Quintarelli的酒都不普通。因為希望有更濃郁醇
厚的風味口感，經得起更久陳年，酒廠不只在基礎的Valpolicella
酒款中加入部分風乾葡萄，還經過木桶培養和長達七年的漫長陳
年。最終這些Valpolicella不只有罕見的濃醇豐厚和圓滑質地，還有
均衡口感和豐富後味，搭配同樣特出的名家酒價。

Guerrieri Rizzardi
Calcarole Amarone Classico della Valpolicella

🍇 唯內多Valpolicella地區
🍷 科維那（Corvina）等
Ⓓ Amarone Classico della Valpolicella DOCG
🍸 ❢❢❢~❢❢❢❢❢
Ⓢ $$$
⌂ 🍎🍎🍎~🍎🍎🍎🍎🍎

作為在區內擁有多塊莊園的歷史酒廠，Guerrieri
Rizzardi旗下不管是一般風格、比Valpolicella更輕巧
淡雅的Bardolino Classico，或者強化版Valpolicella的
Ripasso，都以一貫的輕柔優雅風格讓人如沐春風。
這款以單一園果實釀成的Amarone，也在濃縮的水
果風味外保持水潤多汁，絲毫不覺動輒超過15%的
酒精濃度。

巴羅鏤（**Barolo**）& 巴巴瑞斯柯（**Barbaresco**）

　　往往被合稱為雙B的Barolo和Barbaresco，其實是酒標上必須標示「生人勿近」，以免造成身心靈重大創傷的酒。因為體認這些酒（尤其是箇中翹楚）的獨特（或偉大），往往需要無比的見識和耐心。好比幾年前一位（已經不年輕）的酒友就花了超過一個月，才完整見識到一瓶1958年頂級Barolo的非比尋常。即便年紀夠大，又有見識、耐心，都不一定有好下場。公認歷任美國總統中最聰明、最有見識的湯姆斯・傑佛遜（Thomas Jefferson，恰好還是名氣響亮的葡萄酒愛好者），就曾在四十幾歲喝到用同一種內比歐露（內比歐露）葡萄釀成的「Nebiule」時，形容這酒是：「甜如馬德拉（Madeira），咬口如波爾多，清爽如香檳」。可惜Jefferson缺了點最重要的運氣。因為這種被後世國王、貴族讚嘆不已的「王者之酒」在他品飲的1787年仍未誕生，美國總統終究還是沒口福嘗到日後義大利國王的日常愛飲。

　　從Jefferson當時喝到的明顯帶有甜味，轉變為後世所知的不甜紅酒，這雙B的誕生，其實得歸功於一群位高權重的當地愛酒人。雙B的產地，是在義大利西北部的Piemonte地區，只不過名字帶有「山腳

下」含意的本區，其實是三邊被阿爾卑斯山脈團團圍住，長久以來遺世獨立，而酒的好壞也沒太多人在意的地域。儘管當地用來釀這些酒的葡萄：內比歐露早在十三世紀已經留下文字記載，而名叫Barolo的酒款，卻直到幾百年後的十九世紀中期才誕生，還是產在區內擁有廣大土地的Falleto女侯爵 Marchesa Giulia Falletti的酒窖裡。由於她的酒不只受到當年區域統治者薩沃依（Savoia）國王（King Carlo Alberto）的喜愛，連日後成為統一義大利的首屆首相加富爾伯爵（Camillo Benso, Conte di Cavour）都是愛好者。於是當見多識廣的加富爾伯爵請到來自法國地釀酒顧問Louis Oudart，女侯爵才在他的協助下，將原本質量不甚穩定的鄉村紅酒，一轉成為不甜又有優雅香氣的嶄新型態紅酒，她還堅持這種酒得用該村落為名：Barolo這個小村子，從此成為義大利名酒的故鄉之一。

很快地這種新型態的酒，逐漸在位高權重者聚集的Piemonte地方傳開。連義大利統一後首位國王維托里‧伊曼紐二世（Vittorio Emanuele II）的兒子，都將老爸的打獵農莊經營成名莊Fontanafredda，隨著權貴們個個開始生產這種酒，也都對自家莊園的酒愛不釋口，「酒中之王，王者之酒」（King of Wines, Wine of Kings）的稱號，在老王賣瓜的情況下聲名日盛，酒的釀法也逐漸從皇城宮苑傳到尋常百姓家。老實說，如果不是湊巧有國王、首相等要人恰好是Barolo的消費者，一旦去掉「王者之酒」的光環，這種酒還會是鐵打的「酒中之王」嗎？在這些產酒的偏遠山村，理應熟悉這些酒的當地人，平常倒是很少在餐桌上拿Barolo佐餐，只有在每年最重要的聖誕時節，才將「酒中之王」作為餽贈親友的珍貴禮物。當地人甚至指出，在1980年代，倘若有餐廳提供酒齡低於十年的Barolo會被認為失禮至極，因為所有人都知道尚未成熟的優質內比歐露，很可能

會像皮色仍然青綠的香蕉般難以入口。

　　只是，時代很快地變了。如今不只到處都喝得到酒齡才三、五年，卻已經十足香甜飽滿的酒。更讓我想不透的是，單憑杯中只淡淡透出淺寶石紅，偶爾帶點橘、棕色調；年輕時已經滿溢藍、黑漿果的飽滿甜香，流露出品種典型的玫瑰、焦油香氣，跟著刻意打磨的大量細緻單寧，還伴隨明顯酸度的酒，誰能分辨這到底是雙胞胎裡的Barolo還是Barbaresco。因為倘若當年Barolo村民有更開闊的心胸，或許直到今天，鄰村Barbaresco的酒都還會像當初Barolo初生時那樣，全無分別地和附近其他村子的酒一起被視為是Barolo。當然，這會兒Barolo村民的底細已經人盡皆知。倒是在附近的Barbaresco村裡，剛好在十九世紀末，也有位時任當地釀酒學校教授的有志之士Domizio Cavazza。他一面成功複製法國釀酒顧問Louis Oudart的作法釀出了好酒；另一面，他更邀集擁有葡萄園的生產者到自己莊園一起釀酒。這些集合眾多生產者合組的釀酒合作社「Cantine Sociali」於是在1894年成為義大利生產者合作社的始祖之一。觀察到出自不同村落的同一種內比歐露，確實在地理氣候的些微不同下出現微妙的風味差異，Cavazza於是決定將釀成的酒也標出村名，Barbaresco於焉誕生。

　　儘管今天這兩種酒的實際產地，都在同名的Barolo和Barbaresco村之外，還涵蓋鄰近村落。但是主要隔著二十多公里的Barolo和Barbaresco兩村，在都使用百分百內比歐露的情況下，卻因村子的南北位置、距河遠近，使得氣候有些微差異，也讓對環境特別敏感的內比歐露，產生風味上的些許不同。當然，兩者之間更大的不同顯然在於喝酒人的名氣。少了國王和首相的加持，Barbaresco當初就沒有Barolo的名氣，只是附近農人釀的另一種酒。直到二戰後，先是Cavazza當年的合作社，在歷經動盪後於1958年又以「Produttori del Barbaresco」的名稱重起爐灶，不只繼續承襲他的理念，還透過不同地塊，展示出內比歐露能在同一種顏色裡有多少些微的明暗和濃淡差異。此外，村子裡還出了些其他志氣宏遠又不服輸的人。繼承家業的Angelo Gaja和Bruno Giacosa等著名生產者，陸續從1960年代起，用他們的魅力和酒質讓全世界相信，Barbaresco幾乎就和Barolo一樣（甚至更）好，當然也值得有同等（甚或更高）的地位和酒價。

　　但是撇開高昂的酒價和名人加持，這些被稱為酒中王、后的酒（礙於Barolo占了酒王的寶座，風格稍微偏柔美的Barbaresco於是只能屈居酒后），到底有什麼值得大驚小怪？我想了很久，仍然想不起

此生經驗的第一次內比歐露，也想不起第一次品嘗的酒中王、后。相較於Amarone在我心中的華麗登場，我只能說，內比歐露在義大利的Piemonte（以及非常侷限的鄰近幾省），有的是一種別處罕見的難以言喻特殊氣質。用這品種釀成的酒，喝起來常帶有明顯的單寧和酸度（正是很多初學者最痛恨的葡萄酒兩大元素），需要充分成熟才能轉為結實豐盈（雖然新世代釀酒科技已經幾乎推翻這點）的特質，讓這些酒因此成為葡萄酒界罕見的人瑞（甚或可比你我更長壽）。然而長命還只是內比歐露相對乏味的特質，能在酒精、單寧、酸度、甚至萃取都飽滿具足的強烈背景下，仍然透出輕靈芬馥又多變綿延的種種奇香，才是這酒最教人陶醉之處。

如今由女兒Silvia接棒的Elio Altare，是在70年代就前往法國布根地學習的「現代化」先驅之一。

不管是水果的櫻桃、黑李，花朵的玫瑰、紫羅蘭，香料的甘草、茴香，植物類的枯葉、土壤，甚至或特色的焦油、菇菌。當屬性不同的眾多香氣，最終像是以冠軍調香師精心安排出的完美比例，透過發酵葡萄汁的不同階段，或輪番呈現、或緊密交織為無以名之的內比歐露香氣，飲者才能得見內比歐露的王者風範。倘若這氣息還能隨一日一週（而非一分一時）時有增減起落，延續幾日幾週還綿延不絕更富含變化，猛然發現這竟是出自高齡已過五十的健壯老酒，那麼恐怕任誰都得承認，如此罕見的香氣馬拉松，確實是酒中之王才能有的表現。當然，這種龍顏天威可是難得一見，正是要有無比見識、耐心和幾分運氣，才能在頂尖作品中一窺酒中之王的容顏。

幸好，內比歐露倒也不因為有王者風範，就總是莊嚴肅穆地不近人情。就算喝過的名酒沒有幾十幾百、也沒有中年人一瓶酒喝上數日數月的耐性，同區域還有其他農夫，都在某些地方湊合著種內比歐露。這些可能也種在Barolo、Barbaresco，或者鄰近的隔壁村落，卻因為生產地區可能範圍更廣，或加入少量的其他品種，而必須只能是雙B以外的Langhe Nebbiolo、Nebbiolo d'Alba或Roero等，固然因為葡萄園的先天條件或許不夠理想，樹齡太年輕，又或者年份可能太艱困，

才沒有雙B的宏大規模和多變長命。但是對不想動輒等上五年、五十年，只想先輕鬆體驗內比歐露的愛好者而言，這些才是隨手開來都不會心痛，也不用擔心過多單寧酸度帶來驚嚇的迷人內比歐露。誰知道這些或許飄著櫻桃和草莓甜香，飲來也小巧可愛的酒，不會讓你從此也愛上內比歐露，或許哪天也願意花十幾年等見酒王一面。

Ceretto

以一家年產量能有近百萬瓶的大規模，竟然也勇於把自己儼然小農莊似地，在最重要的Barolo葡萄園嘗試自然動力種植法，未來甚至可能全面轉向有機；光憑這點，就不得不欽佩在這方面領導酒廠走向的Alessandro Ceretto。有趣的是，接待我的Federico Ceretto，性格和作風看來卻似乎和Alessandro迥然不同。這對堂兄弟（以及他們的姊妹們），於是一起將上兩代人累積下來的廣闊葡萄園，多達四座的葡萄酒莊園，在小農林立的Piemonte區，井然有序地打造出今天以飽滿豐美的型態在全球備受歡迎的Ceretto王國。

Federico認為，Piemonte區在歷經上世紀末分屬傳統和現代派（當時所謂傳統和現代派，分別以不同的釀造和培養，區隔出培養更久、風味可能更多元艱深的傳統派，以及更飽滿濃郁、單寧甜熟能儘快適飲的現代派酒款）的風格爭議後，如今已經看到兩派雙雙朝中間靠攏而越趨同化。未來只有更朝「布根地」路線，將葡萄園分出不同等級，才能讓消費者更一目了然不同酒款間的品質差異。他也認為，Ceretto酒款在經過本世紀初的調整後，已處於穩定理想的狀態。比方最重要的單一園Barolo和Barbaresco，如今都從過去使用的培養酵母改為原生酵母，也回歸傳統使用容量更大的木桶，在釀造上盡可能降低人為操控，更回歸本質從葡萄園、葡萄種植來著手提升品質，則是Ceretto進入新世紀後清楚訂出的未來走向。

儘管酒廠從2005年開始各種準備、直到2010年才算真正以自然動力種植法產出的首個年份頂級Barolo和Barbaresco，我仍無緣品嘗。但是從其他曾嘗到的酒款裡，已經不難感受酒廠在越趨自然柔美的風格下，除了適切表現年份特質，謹守均衡酒質，還力求有深度和複雜的不凡表現。相較於其他曾經名噪一時的生產者，或許正是靠著在世紀交接之際才加入還無暇自滿的第三代家族成員，以及仍然在背後，溫柔守護也殷切督促的上一代，Ceretto才有今日不墜的名廠地位。

Produttori del Barbaresco

　　與酒廠總管Aldo Vacca短暫相處，幾句言談中這位Barbaresco專家就不知能激勵了多少內比歐露愛好者：因為他坦承，即便是大半輩子都泡在Barbaresco葡萄園裡的他們，都不一定總能從盲品中分辨出酒廠旗下九塊單一葡萄園之間的細微差異。或許今天的愛酒人，還真該感謝十九世紀末Barolo村民的小心眼，否則若是當時Barolo的產區範圍擴大到不只涵蓋Barbaresco，還包含部分的Roero，今天能讓眾人混淆的，可就不只區區Barbaresco幾百公頃的葡萄園了。

　　幸好，這段可能讓村子就此一蹶不振的歷史，在合作社創始者Domizio Cavazza決意將當地酒乾脆以Barbaresco村鎮為名，從此和Barolo區隔開來的情況下，讓1894年反而成為Barbaresco誕生的歷史時刻。至於在創造Barbaresco的歷史上，一直擔任要角的生產者合作社Produttori del Barbaresco，則是從戰後的1958年重起爐灶至今，謹守創社以來的三大鐵律：為追求絕對品質，合作社自始就決定，只生產當時還是票房毒藥的內比歐露（而不產其他品種，藉由自斷其他生路的破斧沉舟來專注品質）；合作社還規定，所有參與的生產者必須將所有收成都提供給合作社（不能保留任何葡萄做自家裝瓶用，以免生產者因私心而影響品質）；所有生產者還必須接受以品質作為收購葡萄的價格標準，讓眾人都願意齊心提升品質以共享更多利潤。於是，今天的合作社靠著五十位會員所擁有的百餘公頃葡萄園，成為區內最能以穩定品質和實惠價格展現Barbaresco風土的代表。

　　照Aldo的說法，Barbaresco和Barolo，主要因為前者的葡萄園更靠近塔那洛河（Fiume Tanaro），後者受到更多山勢屏障，才讓兩地的酒能因為氣候和土壤結構的細微不同，積累出微妙差異。比方在

右　Ceretto現代化的酒廠建築和Aldo Conterno廠內保留的老舊農具，並存於當地的不同派別釀酒哲學。

上圖為一手打造出Paolo
Scavino盛名，已經七十
好幾的Enrico Scavino。

Barbaresco，葡萄收成的時間通常能比Barolo更早約一或兩週。甚至在年份的認定上，同年份的Barolo和Barbaresco，都可能因為局部區域氣候的差別，生出品質高下不同。比方在2014這算不上理想的年份，Barbaresco因為更少雨且少受冰雹襲擊，而在品質上比Barolo占了更多優勢。至於曾在1990年代引來媒體大做文章的所謂傳統和現代派區隔，他也認為早在進入新世紀後，兩者界線已經模糊了。

此外，自1996年起的氣候轉變，也讓過去往往需要木桶培養才能柔化單寧的內比歐露，現在幾乎輕輕鬆鬆都能有柔和甜美的單寧。對於早在1960年代就推出單一葡萄園裝瓶的合作社來說，能混和不同葡萄來源、每年都生產、一般約占產量四成的基本Barbaresco裝瓶，已經是內比歐露在區內樣貌的絕佳展現；特別在好年份才推出的九款單一葡萄園Riserva，更是用來解析Barbaresco地塊樣貌的不二選擇。不論是Asili的細緻柔美，Pora的堅實多骨，Muncagota的小巧輕柔，或者綿延有力且有「Barbaresco中的Barolo」稱號的Montestefano；Produttori del Barbaresco的酒，似乎都在不具矯飾的同時，讓人仍然感覺和生產者的緊密連結。畢竟，要不是那些幾十年來辛勤守護著自家農地的葡萄農，或許就不會有今天的Barbaresco。

Azelia & Paolo Scavino

在周圍儘是高山環繞的Piemonte區，種葡萄或釀酒，一直是支撐許多人生計的生涯大事。或許因為茲事體大，也可能因為當地人不輕易改變自己的想法，理念的歧異於是不只能造成父子反目、兄弟分家，像Azelia和Paolo Scavino，就是相臨咫尺，卻有風格樣貌迥然不同的親戚酒廠。兩家院落的入口，才隔著不過幾百公尺；兩家還共有

祖上傳下來的歷史名園（Fiasco）。然而兩者的名氣和風格卻相當不同，一邊是1980年代已經以（當時的）現代化風格在國際上聲名大噪的Paolo Scavino；另一邊則是十多年後才逐漸嶄露頭角，自然溫柔的Azelia。儘管在1921年買下葡萄園的Lorenzo，還是兩家共同的老爹，在他辭世後分家的兩個兒子，卻在幾代人後造就了如今迥異的作風。

打從十歲起就在家族葡萄園幫忙、一手打造出今天Paolo Scavino盛名的Enrico，如今儘管已經七十好幾，兩個女兒也加入家族事業多年，仍然看得出活力幹勁，以及總活躍在第一線的進取積極。他的大膽創新，包括在1970年代末，就拋開當地將不同葡萄園一起混釀的習慣，率先將自家品質最佳的葡萄園改為單獨釀造裝瓶；他還是區內最早引進控溫釀酒設備的酒廠之一；及至1990年代，更大動作地拋開傳統的大木桶，改以法國小型橡木桶培養（當時許多被歸為現代派酒廠的指標動作之一，雖然酒廠在幾年後又迎回了舊有的大木桶，且回歸中庸之道地改為兩種木桶並用）。

但讓我印象最深刻的，卻非酒廠旗下被打磨得精緻漂亮，濃縮飽滿，單寧柔滑細膩到幾乎無懈可擊的酒款，而是，當Enrico被問到關於自然動力種植法時，帶著深切憂慮的真情流露。以他的資歷，Enrico說自己光看葡萄的葉子，就能像從指甲判讀人的健康那樣，讀出葡萄處於何種狀態。當他憶起自己在某些採自然動力種植法耕作的葡萄園裡，看到雜草長得老高時，簡直為那些葡萄難過得快哭出來，我幾乎也能從他真切的神情裡，感受到葡萄經歷的種種苦痛。對他而言，自然動力種植法或許仍是只適合自家菜園，且久久才能靠運氣收成一次的空泛理念。唯有最新科技輔助設計的分層發酵酒槽，從自家園裡篩選出的最佳樹種，才是這位一手將酒廠打造成國際名廠的生產者，能年復一年掌握、仰賴的高品質基礎。

至於以溫暖自然、潤澤鮮明的酒風吸引我的Azelia，意外地竟是由一位聲音在電話裡聽著溫柔穩重的年輕人，出生於1990年的Lorenzo Scavino來迎接。乍聽之下，幾年前才從釀酒學校畢業，正式開始全職酒廠工作的Lorenzo，算起來該還是新手。實際上，家傳幾代的葡萄酒淵源，讓他身上不只能清楚看見父親Luigi的精心栽培和訓練；連在陳設簡素、靜謐到連縫針落地都能聽得清楚的品酒室裡，都有先人親手做的立鐘傳出滴－答－滴－答－，用一貫低沈緩慢的調子，像是對新一代的溫柔守候。

年輕的Lorenzo認為，自家酒廠的釀酒理念和作法，從父親接手

以來，甚至自幾代人以前，都未有太大的改變。反倒是他們對一些影響可能深遠的概念，會採取相對保守的態度：例如新的無性繁殖系的選用。儘管酒廠早已開始實驗這些能帶來更大果串、更深色澤、抗病性更強的樹系，由於樹種的未來發展仍未有足夠的時間累積出確切的結果，因此他們在態度上仍然偏向保留。在農法上，儘管酒廠的作法是十足有機（而非更激進的自然動力種植法），Lorenzo也提及，酒廠一般傾向中庸的作法，試圖在可能範圍內保留地塊特色，而同時突顯頂尖葡萄園的老藤葡萄樹，能自然產生的低產量和濃郁風味。比方他們就偏好使用釀造更耗時，但香氣也可能更多元豐富的非工業培養酵母。

　　有趣的是，當提起釀酒學校的教育，和父祖輩代代相傳下來的作法，Lorenzo笑著說，學校教的許多方式，確實和家裡的實際施作頗有出入。比方在歐洲以酷熱聞名的2003年，Lorenzo記得當其他農夫都忙著除葉，唯獨自家的老爸因為觀察到氣候異常而選擇刻意不除葉，才讓Azelia造就一個相對均衡的年份。或許，Azelia的自然迷人，正是因為老爸Luigi以不過不失、但又嚴密精確地合宜掌握；否則他們的人或酒，也不會以共通的溫柔和暖、從容自在，讓我感覺如沐春風。

Azelia的新旗手，1990年生的Lorenzo Scavino以及廠內陳設簡素的品酒室。

Produttori del Barbaresco
Barbaresco

🍇 皮蒙Barbaresco地區
🍷 內比歐露（Nebbiolo）
Ⓓ Barbaresco DOCG
🍷 ❗❗❗～❗❗❗❗❗
Ⓢ $$$$
🍎 🍎🍎🍎～🍎🍎🍎🍎🍎

酒廠的每種酒都是理解產區樣貌的絕佳教科書。相較於只在最佳年份生產的單一葡萄園Riserva必須經過三年木桶和半年瓶中培養才上市；在表現並不那麼特別的年份，這些葡萄則會被混調入基礎的Barbaresco，在經兩年木桶培養後，不只能更快問世，還是用來理解年份和品種特色的絕佳指標。

Ceretto
Barbaresco Bricco Asili

🍇 皮蒙Barbaresco地區
🍷 內比歐羅（Nebbiolo）
Ⓓ Barbaresco DOCG
🍷 ❗❗❗～❗❗❗❗❗
Ⓢ $$$$
🍎 🍎🍎🍎～🍎🍎🍎🍎🍎

儘管酒廠旗下的Moscato d'Asti清新可喜，甚至在台灣暢銷到居世界第一；出自不同葡萄園的Barolo也有Bricco Rocche的飽滿穩健、Brunate的優雅細膩，但是讓我難忘的仍是Bricco Asili單一園的Barbaresco。儘管在2003年這樣不易的年份，年過三十的老樹卻讓酒質有難得的均衡，豐厚柔順的酒體伴隨紫羅蘭、甘草、乾燥玫瑰等複雜香氣，完全展現Barbaresco華麗又優雅溫柔的女性面向。

Bartolo Mascarello
Barolo

🍇 皮蒙La Morra地區
🍷 內比歐露（Nebbiolo）
Ⓓ Barolo DOCG

🍷 ❗❗❗～❗❗❗❗❗
Ⓢ $$$$
🍎 🍎🍎🍎～🍎🍎🍎🍎🍎

當我從記憶中搜尋曾經記憶深刻的Barolo時，不需要翻箱倒櫃就能清楚浮現的是在Bartolo Mascarello，讓人感到祥和愉悅的簡單辦公室裡，從不知道開了第幾天的半滿瓶中，徐徐倒出來的Barolo。那些充滿玫瑰、漿果，或許還混雜其他調性的豐富香氣和結實卻不失溫潤的口感，讓人在從智識上理解Bartolo Mascarello曾經被喻為「傳統派大師」以前，已經能全然從感官、情感上，被這款酒的豐富活潑深深觸動。堅持以混調旗下眾多葡萄園果實釀成的Barolo，在名廠紛紛因各種原因而走向單一葡萄園的此刻，不但用酒質證明調配所能表現的穩定酒質和複雜度，也代表酒廠一直以來堅信的不變價值。

Azelia
Barolo

🍇 皮蒙Castiglione Falletto
地區
🍷 內比歐露（Nebbiolo）
🔖 Barolo DOCG
🍷 ‼‼～‼‼‼
💲 \$\$\$～\$\$\$\$
🍎 🍎🍎🍎～🍎🍎🍎🍎🍎

儘管如今平均樹齡已達七十歲多的歷史葡萄園Fiasco，十足女性化的華麗香氣口感也讓人非常著迷，但是從混和兩個村子的果實釀成的基本款Barolo，已經能感受Azelia一貫的鮮潤果實、多層香氣，同時有甜熟單寧構成的均衡結構和優雅餘味。樹齡近六十年的葡萄園Margheria，則是在艱困年份仍能保持均衡的重量級作品。

Paolo Scavino
Barolo

🍇 皮蒙Castiglione Falletto
地區
🍷 內比歐露（Nebbiolo）
🔖 Barolo DOCG
🍷 ‼‼～‼‼‼
💲 \$\$
🍎 🍎🍎🍎～🍎🍎🍎🍎🍎

對有興趣的人來說，同時比較Azelia和Paolo Scavino都有推出的同年份Fiasco葡萄園（在本廠稱Bric del Fiasc），應該就能清楚感受兩家的不同風格。更顯精工細琢的Scavino，酒中都有極其細滑的優雅單寧，混合七個不同葡萄園果實釀成的基本款Barolo優雅漂亮；被稱為「lady Barolo」的Ambrogio，則是和酒廠風格特別契合的作品之一。

Elio Altare
Barolo Arborina

🍇 皮蒙La Morra地區
🍷 內比歐露（Nebbiolo）
🔖 Barolo DOCG
🍷 ‼‼～‼‼‼
💲 \$\$\$\$\$
🍎 🍎🍎🍎～🍎🍎🍎🍎🍎

想當年，Elio Altare是在1970年代就前往法國布根地觀摩學習，並且在隨後的二十年間陸續將夏季疏果（green harvest），法國橡木桶、短期泡皮等技巧引進皮蒙的「現代化」先驅之一。如今女兒Silvia仍循父輩風格，讓自家有機栽培的果實，都以果香濃郁飽滿、口感豐富結實的方式自我詮釋。Arborina特別是其中因為土壤和微氣候，而往往能在優雅明亮的女性風格外，又有濃郁口感和骨架的代表。

Aldo Conterno
Barolo Gran Bussia Riserva

🍇 皮蒙Monforte d'Alba地
區
🍷 內比歐露（Nebbiolo）
🔖 Barolo Riserva DOCG
🍷 ‼‼～‼‼‼
💲 \$\$\$\$\$
🍎 🍎🍎🍎～🍎🍎🍎🍎🍎

1970年代的創廠莊主、已逝的Aldo Conterno早年曾在美國生活，或許和他日後勇於接受新觀念的開放態度不無關係。於是，一方面擁有開放的心靈，一方面又在素以強勁渾厚Barolo聞名的Monforte村擁有許多頂尖葡萄園，使得酒廠混和數塊最佳葡萄園果實經長期培養、至少在收成後六年才上市的Riserva，能以絕佳結構、柔和單寧、優雅風味與綿長餘韻，贏得廣泛喜愛。

古典奇揚替（Chianti Classico）

歷史，就像陽光，在義大利各處都不虞匱乏，而在托斯卡納尤其充裕氾濫。於是因為豐沛的歷史和陽光，早在古代已經盛行的葡萄酒生產，在這裡成為少數葡萄酒生產者會在重要晚宴上端出火烤豬頭，還能隨性吟唱起但丁詩歌的地方。

在托斯卡納成為名酒骨幹的山吉歐維榭葡萄，也和雄霸義大利西北部的內比歐露一樣，不只對環境非常敏感（這似乎是所有了不起的義大利品種的共通特質），還能變色龍一般，隨著周圍環境的稍有變異，就生出看似不同的外貌，同中有異的氣質脾性，把那些整日在葡萄園工作的人唬得一愣一愣，特別在資訊和交通都不發達的過去。於是，內比歐露能在不同的村落，生出Barolo和Barbaresco的差別；又或者在鄰近的省份，有各種不同別名；甚至在不同的葡萄園，能分出表現更傾向Barolo風格的強勁Barbaresco，又或者最接近Barbaresco風格的柔美Barolo；山吉歐維榭當然也都可以。結果就是，山吉歐維榭也在風土氣候總有些微差異的幾座村子，因為使用品種的比例規定，長期風土差異累積的細微變異，都有不同的名稱，甚至是不同的風味特質，讓山吉歐維榭釀成的幾種酒，也有不比北方品種遜色的複雜紊亂。

不管是早在十二世紀已經擁有Brolio莊園的貴族家庭Ricasoli（日後還出了義大利統一後的第二任首相，對Chianti葡萄酒影響甚鉅的Baron Bettino Ricasoli），還是早在十四世紀便以貴族之尊經營葡萄酒生意至今的Antinori，他們當時在Chianti地區生產、飲用的葡萄酒，雖然也和今日你我喝到的大不相同，但這卻不像西北Piemonte那樣屬於甜和不甜的差異，也和東北瓦波利伽拉（Valpolicella）風乾不風乾葡萄沒有關係。因為在十六世紀前，絕大多數的Chianti用的還是十四世紀曾留有文字記載，時至今日卻完全不被放在眼裡的歷史品種：黑卡內歐羅（Canaiolo Nero）。相較之下，如今廣受喜愛的山吉歐維榭，儘管是今日雄霸義大利中部的老大，甚至排得上全球十大種植最廣品種，但是在凡事講究老資格的Chianti，這卻是直到十六世紀末才輪到被記上一筆的「新」品種。

對Chianti葡萄酒影響甚鉅，有鐵血宰相稱號的Baron Bettino Ricasoli。

Coltibuono深藏在群山中的歷史莊園，是造訪當地不可錯過的絕佳景點。

　　一旦倚老賣老，就連本區真正的主角：Chianti Classico都免不了得先被晾在一旁，反而要先說起資格更老的「完美之酒」──蒙鐵普奇亞諾高貴之酒（Vino Nobile di Montepulciano）。這種產自佛羅倫斯以南、蒙鐵普奇亞諾小鎮的酒（Montepulciano，在此為地名，但在其他省份則有同名的葡萄品種，於是造成必然的義大利式混淆），是曾在十六世紀就被當時教宗的酒窖總管譽為「完美之酒」，十七世紀也曾被稱為「酒中之王」，及至十八世紀末，更被加上了「Vino Nobile」代表高貴之酒（只不過後面緊跟著小鎮的名稱）。這種如今必須按至少七成山吉歐維榭（別名特別多的山吉歐維榭在當地又被稱為Prugnolo Gentile），至多兩成Canaiolo Nero釀成的酒，儘管在地處偏遠，人口不到兩萬的蒙鐵普奇亞諾小鎮能有幾分高貴，一出了偏村，就很少被人放在眼裡。

　　但是Vino Nobile di Montepulciano的歷史盛名至少說明了一件事：托斯卡納可是有悠久傳統的名酒產區（但這描述似乎也適用於義大利全土）。1716年，Chianti已經成為托斯卡納主政者必須特別劃出產區

範圍，甚至明令規範製假酒將受嚴懲的地步（由此可知，當時Chianti
受歡迎程度顯然可比擬今日假酒氾濫的法國波爾多酒）。但是這些當
時已經出口到英國的Chianti，似乎並未讓喝慣舶來品的英國人為之傾
倒，反而贏來的抱怨更甚讚譽。

　　百年之後，Chianti才由Ricasoli男爵（Baron Bettino Ricasoli，人
稱鐵血宰相的義大利第二任首相）改變了命運。貴族出身、又擁有家
傳Brolio莊園，自弱冠之年已經熱衷農事的研究改革的他，身為貴族
世家的一員，既有四處遊歷觀摩的本錢，還有受過良好教育的聰明遠
見。為了提升莊園的葡萄酒品質，他不但投資設備，還針對個別品種
開始深入研究，甚至對自家農民戮力灌輸該以品質為先的概念。男爵
的種種努力，讓他的酒在1867年的巴黎博覽會上贏得金牌，在1872年
一封寫給比薩大學教授的信中，他更提到自己多年的研究成果，認為
Chianti應該按當地傳統，調配幾種不同的品種：「酒的主要香氣和口
感都來自山吉歐維樹，不過Canaiolo卻能在不減損前者香氣的情況下
讓酒更柔和甜潤。至於會讓酒更清淡、更適合日常飲用的Malvasia，
則是有稀釋前兩者的可能，因此不適合放在打算陳年的酒裡」。

　　Ricasoli男爵怕是做夢都沒想到，自己官拜義大利首相的位高權
重，竟然能在近百年後，還讓人對他的調配不只敬畏到照單全收，甚
至不假思索地完全誤用。原本為了要讓酒能清爽易飲而加入的馬爾瓦
西亞（Malvasia）等白葡萄，竟然在1960年代，於當局的官僚作風下
因為允許大量添加而成了替Chianti贏來淡薄無味惡名的元兇。曾經在
十九世紀後半為Ricasoli贏來金牌的優質Chianti，也沒讓多少人對這種

酒產生興趣，百年後招來惡名的Chianti品質，卻讓不少人從此認定這就是一種上不了檯面的酒。

同樣讓人難以想像的是，就在佛羅倫斯以南，另個從中世紀起也頗富盛名的產酒小鎮蒙塔奇諾（Montalcino），竟然在十九世紀末，只靠著Biondi Santi一家酒廠，就把百分百山吉歐維榭（在當地別名則為Brunello），釀成更深更濃，號稱能陳年更久的蒙塔奇諾之布魯內羅（Brunello di Montalcino）。這種問世當時，不過是在地方性比賽上贏來幾面獎牌的優質酒，竟然在二戰後靠著比當時最好的Chianti還高上數倍的價格，和爾後被證實的長命，一舉在二十世紀成為享譽國際的義大利名酒。

如果用快動作省略上世紀末義大利葡萄酒在二戰後幾十年間的大幅改頭換面，跳過Chianti因為一條公路開通引來外地人力資金而大幅提升品質，Brunello因為大受美國追捧而葡萄園面積暴增至少二十倍，托斯卡納因為「Super Toscans」大受歡迎而有國際品種入侵的林林總總。至少，在如今屬於最高品質的DOCG等級裡，都以山吉歐維榭為主（在調配占比則從Vino Nobile的至少七成到Brunello的百分之百）釀成的幾種酒中：生產範圍特別廣，規範相對寬鬆，產量也特別大的普通Chianti，儘管水準比起過去想必有大幅提升，但若是以Ricasoli男爵的嚴格要求，這類酒應該更適合日常飲用，或留給數量龐大的觀光客好紀念到托斯卡納一遊。另一方面，產區範圍只在相對受限的最佳傳統產區、產量更小、只能用深色葡萄（完全排除了白葡萄）、山吉歐維榭占比也更高（至少八成以上）的Chianti Classico，

才是嚴肅的Ricasoli男爵可能願意來上幾杯的優質美酒。

　　兩個都以M開頭的小鎮：Montalcino和Montepulciano，雖然用的都是山吉歐維榭（兩地還有不同別名），但是由於所在地點都比Chianti Classico更南，氣候更溫暖，加上些微的海拔高度、土質差異、品種的調配比例，乃至於同品種長期在不同環境下所生出的稍稍不同，使得整體而言，Brunello di Montalcino通常會是酒體結構最豐厚結實，酒精濃度相對較高，陳年潛力或許稍長，價格也最有可能莫名驚人的那個。相較之下，葡萄園分布於氣候更涼爽的潮溼山坡，又有相對貧瘠土壤的Chianti Classico，則可能會有更緊密結實的骨架，明顯突出的酸度，呈現更少肉少酒精的骨感身形。不完全居於兩者之間的Vino Nobile di Montepulciano，則因為更溫暖和緩的氣候和調配比例的影響，加上葡萄園往往更多屬於砂質等沈積土壤，因此更易有輕盈優雅的紫羅蘭和橘皮風味，搭配更柔和滑順、少有稜角的易飲口感；因此往往有比Brunello更柔和的單寧，比Chianti Classico更肉感豐盈的和緩酸度。就別提在同個托斯卡納，還有個比雙M小鎮位置更南、更靠近地中海岸的史坎薩諾（Scansano）用的也是同一種山吉歐維榭（猜猜別名是？Morellino）釀成常帶有鮮明櫻桃味和塵土氣息的：史坎薩諾之莫內里諾（Morellino di Scansano）。

　　這些酒色不見得總是深濃，甚至往往只呈寶石紅的液體，能在偏冷的區域表現出紅莓或酸櫻桃的酸甜芬芳，或在氣候更暖的區塊帶有黑櫻桃或黑李的甜熟氣息。偶爾夾雜的紫羅蘭清芳楚楚可人，也可能因為橙皮、灰塵、土壤，甚至金屬、皮革、菸葉、香料的加入，讓

左　Fontodi的莊主Giovanni Manetti，靠著有機農法和區內最黃金地段的山丘坡頂（左頁），讓好酒感覺得來全不費工夫。

飽滿酸度和柔順單寧撐起的豐富滋味，使人不自覺想起當地的陽光燦
爛，甚至憶起火烤豬頭帶來的豐盛溫暖。

　　是以，在這有六成以上是丘陵、平地只占全區不到一成面積的托
斯卡納，當地人即便只是透過葡萄品種的名稱，都展示出多山多丘陵
在交通不便的過去（甚至今日）是如何阻絕彼此。同一種葡萄的眾多
別名，實在是因為它們在每個村落看來都略有長相差異，而完全不是
為了讓愛喝酒的外國人抓狂的詛咒。倘若有人能在消化完不同鎮名、
葡萄別名，還能找來同一家酒廠的同年份、同釀法，只差在不同生產
區域的酒盲品（雖然這任務也可能極為艱鉅），或許就能發現山吉歐
維樹在基本的櫻桃酸香外，還能在風味口感上表現多侷限或多遼闊
了。

　　因為1970年代的「超級托斯卡尼」（Super Toscans）現象，而被
喻為近代義大利葡萄酒文藝復興發源地的托斯卡納，以山吉歐維樹釀
成的Chianti Classico，儘管不像香甜濃郁的Amarone那樣討喜；也不像
Barolo、Barbaresco一不小心就可能嚴肅生硬到令人畏懼。或許不一定
能登上義大利「最偉大」紅酒之列，但總在明亮酸度配襯下顯得溫暖
又朝氣蓬勃的Chianti Classico，卻是在我心中最讓人朝思暮想、最適
合和各種義大利菜朝夕相伴，甚或在風格上都流著最濃厚「義大利」
血統，不以「偉大」為要務的最「義大利」紅酒。

Barone Ricasoli

　　鐵血宰相的曾孫Francesco Ricasoli，第三十二代Ricasoli男爵，儘
管靠著姓名和一張臉，就能在莊園附近加油免掏錢，但是他不只像周
圍人描述的：「沒什麼貴族架子」；還是一位身處現代，卻有著先祖
般鋼鐵意志，同樣全心投入莊園，全力提升酒質，還不放過任何小細
節的貴族領主。甚至在一起相處的第五個小時，我已經願意選他當義
大利總理。

　　當然，這也許是因為在經過修繕的Brolio城堡裡，讓人不只能從
矗立數百年的廳堂房室，一窺當年鐵血宰相的生活點滴，更能從保留
下的書信和藏品，立體而深刻地感受貴族領主的處世為人。我們知道
他極重教育，希望連佃農都能深思聰敏，特意為他們開課辦學；也知
道他辛勤務實，總是晨起就四處巡視莊園，務求大小農事都得按他的
要求運作妥貼。

這位原本為攝影師的豪門貴公子，當初只因為家人的一通電話，就在全無專業背景，也從沒想過要經營酒莊的情況下，中年轉業。或許真是體內基因的關係，沒有產業相關背景的Francesco，卻在接手後做出了許多內行人都要躊躇的大膽舉措。因為認定酒莊的一切必須回歸根本：他決定大幅整頓葡萄園。於是，今天的Ricasoli仍隨處可見各種基於效率和合理性（兩者在義大利都非常罕見）所做的改革創新。大如在Chianti Classico

如今掌管Ricasoli的Francesco，以講究合理性和效率管理，為歷史名廠打造出全新風貌。

區內最大規模的單一莊園：Brolio進行土壤研究，鉅細靡遺地劃清每個區塊的土質、礦物質含量、排水力，以及該對應的最適品種、收成期、砧木類型，乃至於無性繁殖系，試圖透過對基本環境的嚴密掌握，連結到更佳酒質。小到連員工餐廳裡，都特別為了提升清掃效率而設計專用的餐桌座椅。

經過Francesco的二十年整頓，今天的Ricasoli儘管仍有少數酒款必須以採購來的葡萄釀造，但是整體而言都在純粹明淨的摩登風格下，有均衡優雅的水潤口感。經地塊研究後的幾款單一葡萄園尤其讓人驚艷，曾經加入過山吉歐維榭，如今卻改為百分百梅洛的單一園Casalferro，就以難得的優雅多酸和結實骨架，表現出品種完全被在地化的純粹托斯卡納血統。以山吉歐維榭混調約兩成國際品種的Castello di Brolio，則是酒廠極具信心的二十一世紀代表作。

訪談中，我忍不住想像，如果從政，Francesco或許能讓整個義大利都有宛如Brolio莊園的美好前景，他卻只露出不以為然的表情。或許對像他這樣，一出生就知道生命終點將何去何從（繪有族譜的家族墓室就坐落在Brolio城堡內的禮拜堂下）的人來說，即便是大材小用，承載家族歷史的自家莊園，都遠比祖國義大利來得更重要許多。

Isole e Olena

在我造訪的托斯卡納生產者裡，Isole e Olena酒廠的Paolo de Marchi，或許並不是個性最活潑討喜的那個。但是要說到對農藝的熱

愛，對自然的入微觀察，卻很少有人能像他那樣，字字句句都深刻雋永，每種酒裡，都喝得出深思遠慮後的開闊清明。不管喜不喜歡，托斯卡納如今沒人能忽略Paolo遍及全球酒界的影響力和名氣。這位出身北方Piemonte的先生，固然是在1950年代因為家族南遷，才來到托斯卡納的「外地人」，但是當年家族所買下的Isole和Olena兩座相鄰古老莊園，歷史溯及十二世紀，卻是在他於1970年代接手後，才有今天合併為Isole e Olena一日千里的酒質和名聲。

在飄著毛毛細雨的托斯卡納收成季，把近四十年光陰都投注在這塊土地上的他，只用簡單的字句，就回答了我的所有疑問：「了解這塊地方，已經是我生活的一部分。我知道莊園裡有些事情永遠不會改變，而有些事情一直持續在變」。對他來說，因應外界改變而做出的種種調整，都只是經仔細觀察後思索而得的普通「常識」。比方Paolo憶及在1970年代葡萄園狀況還很不理想時，他總在園內細心觀察不同的葡萄樹，想挑出能有最佳表現的葡萄樹種；到了1980年代，他能以篩選出的最佳樹種釀酒，酒質也大幅提升，證實對外在環境極度敏感的山吉歐維樹，確實在不同的無性繁殖系間都有細微基因差異，還能以極端方式反應外在變化。在釀酒上，Paolo也展現出他師法自然，柔軟又有彈性的一面。從不預設酒的表現，就連對品種的規畫，都往往與時俱進而做出當下最合理的安排。比方在國際品種瘋狂入侵的1980年代，原本為了取代調配中的當地白品種才納入夏多內

Isole e Olena酒廠的
Paolo de Marchi，不只
熱愛農藝，還對自然觀
察入微，酒中也有深思
遠慮後的開闊清明。

（Chardonnay），如今卻意外成了極其精采的單獨裝瓶。也曾考慮要用在Chianti Classico調配的卡本內蘇維濃，最終則是在發現無法彰顯主角山吉歐維榭的風采後，終於改做他用。

就連近年讓許多釀酒師頭痛的極端氣候，Paolo都輕鬆提及自家葡萄園早在管理上更注重細節，因此可以透過改變枝幹長短、調整葉片數量等方式，讓酒廠在不同氣候狀況下，仍留有年份特色，同時維持葡萄的均衡風味。對於最能代表托斯卡納的山吉歐維榭，Paolo則認為Chianti Classico最能在適宜的酒精濃度下，展現品種迷人鮮活的水果風味；相較之下，更容易有更多單寧和酒精的Brunello di Montalcino，則必須保持絕佳均衡，才能避免在陳年失去新鮮果味後風味可能面臨的分崩離析。

Paolo和他的酒，不只傳遞出頂尖生產者的縝密和熱情，還讓人在愉悅中深感意猶未盡。橫跨三十年（1982、2011、2012），涵蓋冷熱不同年份的Chianti Classico，讓人見識到生產者對環境的掌握，以及Chianti Classico如何從年輕到充分成熟；分屬不同世紀的兩款Cepparello（1998、2011）以百分百山吉歐維榭充分顯示出品種能耐；即便是國際品種的希哈（Syrah）和夏多內，都有明淨高雅的風味質地，足以比擬任何世界頂尖產區。最令人愉悅難忘的，則是最符合他：「不想要太『做』酒」的理念，在釀造上最無從干預，只能交給時間的精采風乾葡萄甜酒：Vin Santo。對看待歷史或許特別吹毛求疵的托斯卡納人來說，幾十年前才來到此地的Paolo，或許仍是多數人眼中不善言詞，體內也沒流著托斯卡納血液的「外地人」；然而幾十年

來他對這片土地毫無保留的熱愛，卻早透過Isole e Olena的款款美酒，對全世界宣揚托斯卡納的瑰麗絢爛。

Barbi & Fuligni

任何對Brunello di Montalcino崛起感興趣的愛好者，都該到歷史酒廠Barbi附設的Brunello博物館裡，看看用燈號顯示的Brunello葡萄園，如何從1960年代的幾個小點，長成幾十年後的整片蘑菇雲。對像Barbi這樣一家酒標上裝飾的家徽能追溯至十三世紀，且遠在十四世紀已經在區內擁有大片葡萄園的歷史酒廠而言；用一間博物館展示區內葡萄園面積在幾十年間如何暴增近二十倍；用泛黃的照片，滿是鐵鏽的農具，見證Brunello生產者如何從二十世紀初的寥寥三、五家成長如今的兩百餘家，正顯示出酒廠如何以雍容優雅笑看潮流的來來去去。

Barbi的酒款風格，自然在過去十多年都維持傳統，沒有太多改變。只在最好年份生產的單一葡萄園Vigna del Fiore特別豐潤華美；Rosso di Montalcino則是能最早上市，口感也最淡輕易飲。其他像經過更長培養的Brunello，以及必須培養最久的Riserva，差別只在於葡萄園的條件，以及培養容器和陳年時間長短的些微差異。對1892年已經產出首個Brunello年份的Barbi來說，做酒最重要的，或許不只是一時的標新立異，又或者立即的聲名鵲起，如何以獨有的風韻溫柔持續，讓家徽繼續在酒標上年復一年，或許才是老牌酒廠的關注重點。

另一個以Montalcino的標準來看，完全稱得上「老牌」的，是自1971年父親辭世，就罕見地在當時由一介「女流」Maria Flora Fuligni

接管的Fuligni酒廠。Fuligni的酒雖然在區內很少獲得最高分的酒評，也遠攀不上最昂貴的酒價，我卻曾經在匯集區內的名酒盲品裡特別鍾愛Fuligni，感覺酒中流露出真摯的親切溫柔。實際在酒廠裡，現下已經高齡八十多歲的Maria Flora，不只還看得出一派幹練精明，據說連葡萄園裡的各種農事，老太太仍然毫不馬虎地幾乎無役不與。畢竟，當初會代表五人

左下　接管Fuligni酒
廠的Maria Flora
（最右），不只
有姊妹們長伴
左右，連高齡
九十五歲的姊夫
都是農忙時的重
要幫手。

兄妹接下家業，就是因為其實她對農業特別有興趣。儘管為了莊園而
獨身至今，酒廠裡卻到處都看得到家族齊心的影子。不只歲數相仿的
兩姊妹幾乎天天串門子，就在我造訪的那個下午，聽到剛收完Rosso
di Montalcino的葡萄而趕來幫忙的，竟是高齡九十五歲的退休醫師姊
夫，只見他除梗機旁幹勁一點不輸年輕小夥子。

　　靠著父親當年從Biondi Santi家族買來的絕佳位置葡萄園、按著
Maria Flora定下的嚴格標準；幾乎就像家族成員異口同聲地堅持：
「Chianti從來不是山吉歐維榭的專家」那樣，Fuligni的酒款風格，
也從Maria Flora自1975年裝瓶以來，幾乎維持著一貫的優雅柔美。或
許，只要Montalcino仍然矗立在高聳的山頭，通往小鎮仍然得仰賴唯
一那條盤旋而上的蜿蜒山路，Brunello也會持續是現在的樣子，持續
是許多人心目中了不起的義大利名酒。

Barone Ricasoli
Colledila

🍇 托斯卡納Gaiole in Chianti地區
🍷 山吉歐維榭（山吉歐維榭）
ⓓ Chianti Classico DOCG Gran
Selezione
🍷 ♟♟♟～♟♟♟♟
Ⓢ $$$$
Ⓜ 🍎🍎🍎～🍎🍎🍎🍎

雖然Castello di Brolio以八成山吉歐維榭組成的調配也有同樣的結實優雅，但是我更偏好百分之百山吉歐維榭在歷史悠久的單一園，展現出水果風味之外更多屬於土壤、香料、礦物質的豐富滋味。緊緻細密的單寧構成酒款的高挑骨架，酸度明亮的細密口感，是不見得每年都有的純種佳釀。

Isole e Olena
Chianti Classico

🍇 托斯卡納Castellina地區
🍷 山吉歐維榭（山吉歐維榭）等
ⓓ Chianti Classico DOCG
🍷 ♟♟♟～♟♟♟♟
Ⓢ $$$
Ⓜ 🍎🍎🍎～🍎🍎🍎🍎

儘管調配中，在八成的山吉歐維榭外還混了一成五的Canaiolo Nero及少許希哈，Isole e Olena的Chianti Classico，卻仍然以令人無法抗拒的香氣和口感，充分展現典型的Chianti Classico魅力。或許是因為加入的Canaiolo，酒的風味明明飽滿濃縮但又有清爽宜人，明明輕巧可口又隱隱有結實質地。在紅色漿果和香料香氣的陪襯下，連單寧都在柔滑中保有結構。絕佳的類型代表。

Badia a Coltibuono
Chianti Classico Riserva

🍇 托斯卡納Gaiole in Chianti地區
🍷 山吉歐維榭（山吉歐維榭）等
ⓓ Chianti Classico Riserva DOCG
🍷 ♟♟♟～♟♟♟♟
Ⓢ $$$$
Ⓜ 🍎🍎🍎～🍎🍎🍎🍎

就算沒嚐到1970年的Riserva，從最新的2009年份Riserva都能想像本廠酒款的絕佳陳年潛力。全面採有機種植的酒廠，在這款只在好年份才產的Riserva中，選用來自四座頂尖葡萄園、平均樹齡都在二、三十年以上的果實，經過較長的兩年培養，讓酒在典型的優雅山吉歐維榭風貌外，還有礦物質和土壤類風味突出個性。Coltibuono深藏在群山中的歷史莊園，基本上就是造訪當地不可錯過的絕佳景點，在修道院舊址的古樸氣氛下，酒款也在柔美典雅外帶著幾分自然空靈。

Fontodi
Vigna del Sorbo

🔧 托斯卡納Greve in Chianti 地區
🍇 山吉歐維榭（山吉歐維榭）等
🅓 Chianti Classico DOCG Gran Selezione

🍷 !!!~!!!!
💲 $$$
🍎 ✿✿~✿✿✿

Fontodi的Chianti Classico，是多年來我一直相當偏好的山吉歐維榭代表酒款之一。或許是因為酒廠施行有機農法；也可能是葡萄園恰好位於Chianti Classico區域最黃金地段的山丘坡頂；連土壤都是最適合山吉歐維榭種植的Galestro泥灰岩黏土；種種的得天獨厚幾乎要讓人以為Fontodi的好酒得全不費工夫。當然，一切還是因為莊主Giovanni Manetti的智慧，才得以被妥善運用。這款以多石土壤的老樹山吉歐維榭搭配少許卡本內釀成的酒，就在純粹品種表現外還有多元香氣、絕佳結構，以及明顯突出的複雜度。連在分級上，都屬於2013年才推出的最新最高等級：Gran Selezione（葡萄必須來自單一葡萄園或莊園最精選）。

Barbi
Rosso di Montalcino

🔧 托斯卡納Montalcino地區
🍇 山吉歐維榭（山吉歐維榭）
🅓 Rosso di Montalcino DOC
🍷 !!~!!!
💲 $$
🍎 ✿✿~✿✿✿

不同於豐盛濃重、必須經過至少兩年木桶陳年和額外瓶陳期間的Brunello di Montalcino，依法規在採收後一年即可上市的「袖珍版」Brunello，通常是以親切易飲的風味型態贏得愛酒人芳心。Barbi的這款Rosso di Montalcino，就有柔順迷人的紅色漿果和香料、草本植物氣息，在增添複雜度的同時依然十足可口親民。

Fuligni
Brunello di Montalcino

🔧 托斯卡納Montalcino地區
🍇 山吉歐維榭（山吉歐維榭）
🅓 Brunello di Montalcino DOCG
🍷 !!!~!!!!!
💲 $$$$
🍎 ✿✿✿~✿✿✿

對性格堅毅、不在乎一擲千金的人來說，Brunello的長處或許是堅硬厚實的結構，讓山吉歐維榭像穿上鐵打的盔甲，從柔美嬌弱變成英姿勇猛。但對我來說，Brunello的好更是讓此品種在厚重的同時仍明亮溫暖而非強硬剛健。因此，Fuligni偶爾透出樹叢、土壤和香料氣味，濃厚又不失優雅甘美的Brunello，自然更對胃口。

Avignonesi
Vino Nobile di Montepulciano

🍃 托斯卡納Montepulciano地區
🍇 山吉歐維榭（Sangiovese）
Ⓥ Vino Nobile di Montepulciano DOCG

🍷 ▮▮▮～▮▮▮▮▮
Ⓢ $$
🍽 ❤❤❤～❤❤❤

相較於Brunello的強健豐盛，
因為在調配中容許混和少量
其他品種的Vino Nobile，往
往在風格上能有更柔軟多香
的女性化表現。這款混和來
自不同葡萄園果實釀成的
Vino Nobile，就帶著被認為
是區域特徵的橙皮香氣，並
且在溫暖的香料和煙草等風
味下，展現出忠於風土的細
膩多變和優雅口感。

Poggio di Sotto
Brunello di Montalcino

🍃 托斯卡納Montalcino地區
🍇 山吉歐維榭（Sangiovese）
Ⓥ Brunello di Montalcino DOCG

🍷 ▮▮▮～▮▮▮▮▮
Ⓢ $$$$
🍽 ❤❤❤～❤❤❤❤

儘管酒莊今日的盛名，更該歸功於自1990年代起，掌管酒
廠的前任莊主Piero Palmucci，因為他不只讓酒廠開始有機耕
作，以盡可能少干預的釀造方式維持傳統，還讓酒有充分的
時間在酒窖緩慢成熟，才使得坐落在號稱Montalcino區內最
佳地塊的酒廠，能充分發揮風土潛質，讓酒都有融合力與美
的細膩複雜和綿長餘韻。幸好新任莊主Claudio Tipa看來似乎
並沒有改變路線的打算，盛名應該也能依舊持續。

Chapter

5

白酒SOP

何足掛齒
Soave, Orvieto & Pinot Grigio

雖然本地人沒罹患什麼喝葡萄酒時只能見到深紫色的疾病,當地也沒有類似只愛紅色的偏執,但義大利「白」酒,對絕大多數人而言,似乎仍是一種不存在的外星物種,義大利白酒確實有很長一段時間被視為無足掛齒。

當然,如今看來,那些過去的不光彩,早成了灰飛煙滅的往事。

如果將上世紀自二戰後陸續萌芽的種種葡萄酒復興,算是現代義大利葡萄酒的啟蒙,那麼這算來已屆中年的葡萄酒產國義大利,早在各種不同的作法和類型上歷經浪濤汰盡,而留有今日的種種精湛成熟,達到幾近完美。不只有形形色色的獨具性格原生品種,在各異風土找到適切的種植環境,也循著最現代甚至仿效最傳統的釀造方式,成為讓人心曠神怡,甚至時有驚喜的最動人葡萄酒領域之一。

然而,本地對這波在國際早被接受的趨勢,卻仍顯得漠然淡定,使得島上的義大利白酒,仍然是以蘇瓦維(Soave)、歐維耶托(Orvieto)和灰皮諾(Pinot Grigio)組成的「SOP」,冥頑不靈地卡在時光隧道的出口。

灰皮諾(**Pinot Grigio**)

照我的猜想,Pinot Grigio聽來能是時髦裡又帶著親切可愛的義大利文發音,或許就是這種酒能在1990年代,幾乎一夜之間風靡國際的主因。否則這早在幾百年前就現身法國和德國,甚至在十九世紀已經引進義大利北部的黑皮諾變種,為什麼用法文名字出現在阿爾薩斯的時候,儘管有濃郁的酒色,滿是杏桃等黃色水果的濃甜香氣,甚至帶有奶油餅乾的風味,卻從來沒引起太多注意。而在義大利人隨性釀成色淺味淡,偶

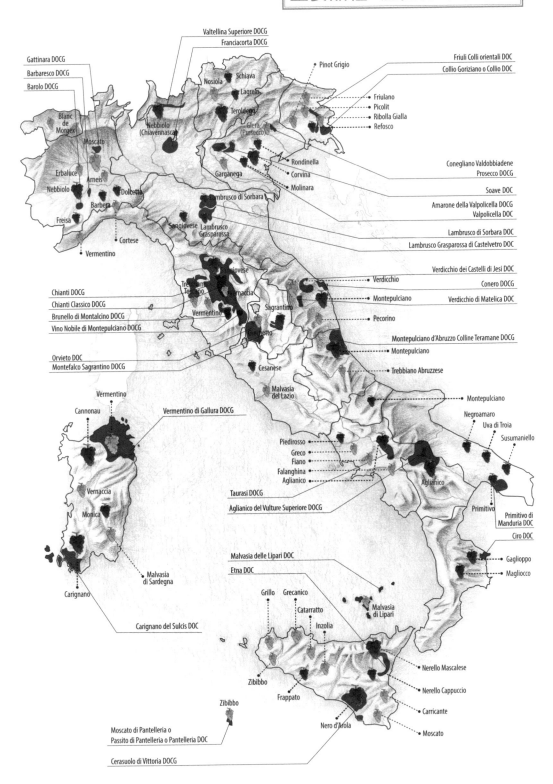

主要品種&產區分布示意圖

Valtellina Superiore DOCG
Franciacorta DOCG
Gattinara DOCG
Barbaresco DOCG
Barolo DOCG
Pinot Grigio
Friuli Colli orientali DOC
Collio Goriziano o Collio DOC
Nosiola
Schiava
Lagrein
Blanc de Morgex
Moscato
Teroldego
Nebbiolo (Chiavennasca)
Glera (Prosecco)
Friulano
Picolit
Ribolla Gialla
Refosco
Erbaluce
Arneis
Nebbiolo
Dolcetto
Barbera
Freisa
Rondinella
Corvina
Molinara
Garganega
Conegliano Valdobbiadene Prosecco DOCG
Soave DOC
Amarone della Valpolicella DOCG
Valpolicella DOC
Cortese
Vermentino
Sangiovese
Lambrusco di Sorbara
Lambrusco Grasparossa
Lambrusco di Sorbara DOC
Lambrusco Grasparossa di Castelvetro DOC
Verdicchio dei Castelli di Jesi DOC
Conero DOCG
Verdicchio
Verdicchio di Matelica DOC
Chianti DOCG
Chianti Classico DOCG
Brunello di Montalcino DOCG
Vino Nobile di Montepulciano DOCG
Sangiovese
Trebbiano Toscano
Vernaccia
Vermentino
Sagrantino
Montepulciano
Pecorino
Montepulciano d'Abruzzo Colline Teramane DOCG
Montepulciano
Grechetto
Orvieto DOC
Montefalco Sagrantino DOCG
Cesanese
Trebbiano Abruzzese
Malvasia del Lazio
Montepulciano
Vermentino
Cannonau
Vermentino di Gallura DOCG
Negroamaro
Uva di Troia
Susumaniello
Piedirosso
Greco
Fiano
Falanghina
Aglianico
Aglianico
Vernaccia
Taurasi DOCG
Aglianico del Vulture Superiore DOCG
Primitivo
Monica
Primitivo di Manduria DOC
Ciro DOC
Malvasia delle Lipari DOC
Etna DOC
Gaglioppo
Magliocco
Malvasia di Sardegna
Grillo
Grecanico
Catarratto
Malvasia di Lipari
Inzolia
Carignano
Carignano del Sulcis DOC
Nerello Mascalese
Nerello Cappuccio
Zibibbo
Carricante
Frappato
Moscato
Zibibbo
Nero d'Arola
Moscato di Pantelleria o Passito di Pantelleria o Pantelleria DOC
Cerasuolo di Vittoria DOCG

爾甚至「清清如水」時，竟取代先前穩居義大利白酒最受歡迎寶座的Soave，成了世紀末廣受全球歡迎的義大利白酒。

煞有介事的葡萄酒產業分析，或許會用價格親切、口感淡雅、易於接受，解釋Pinot Grigio在1990年代突如其來的成功。事實上，對絕大多數在米蘭、倫敦、紐約，甚至東京的葡萄酒吧裡，會來一兩杯Pinot Grigio的型男潮女來說，Pinot Grigio不過是男人西裝口袋裡的小方巾、女人手提包上的絲帶那般，用來標誌時尚生活、雅痞品味，有點「酒」的感覺，又不那麼絕對讓人聯想到酒的「生活風格」裝飾品。恰好帶著異國情調的義大利口音，更讓這漂亮迷人的飾品像是處於「特價」，令人難以抗拒。不過，喜新厭舊、汰舊換新顯然是遲早要面臨的課題。在Pinot Grigio或許就快到盡頭的風潮裡，以結實飽滿的水果風味，明顯突出的礦物質口感，在清淡少酸的多數Pinot Grigio裡，一直擔任反潮流異類的Alto Adige、Friuli-Venezia Giulia產地，或許還能以怪胎路線繼續走下去。但是對其他數量更可觀的平泛Pinot Grigio來說，下一個像當初Pinot Grigio那樣取代Soave的白酒，或許已經好整以暇等在角落。

蘇瓦維（Soave）

一旦把故事再往前推，我們就會發現，在Pinot Grigio開始大行其道之前，同一個最受歡迎義大利白酒寶座上，穩穩坐了幾十年的其實是Soave。義大利東北、著名的愛情之都維洛納（Verona）東部，一座人口約不到七千人的小鎮就是Soave，產酒歷史能追溯至西元前五百

年。附近出產的同名不甜白酒,在二戰後因為宜人淡雅又帶著杏仁和礦物質風味,加上名字好唸好記,還有幾分威尼斯商人的行銷天分;於是,幾乎按Pinot Grigio的同一套公式,很快流行起來。先是廣受歡迎,再來是產量暴增、產區急擴、品質走下坡,最終在爆發葡式蛋塔效應後,完成從高點直線墜落的完美循環。

不過,自從最暢銷白酒寶座被Pinot Grigio取代後,Soave已經在有心生產者的帶領下,重新走上正途。因為事實上,必須以至少七成葛爾戈內戈(Garganega)品種釀成的Soave白酒,不只能在區內環境最佳的火山土壤山坡葡萄園,表現出水果、杏仁和礦物質風味,還被認為可能是義大利最好、最有趣的白酒之一。原來調配中的主角Garganega品種,本身就是義大利諸多原生白品種中,重要性能直比山吉歐維樹和內比歐露的關鍵品種。早在十四世紀就留下文字記載的Garganega,近年更在DNA鑑定後,確認和許多重要紅、白品種都有親屬關係,甚至很可能是這些品種的祖先品種。連常在Soave調配中擔任配角的Trebbiano di Soave,都被發現原來就是在義大利東部擁有深厚潛力和突出表現的維爾第奇歐(Verdicchio)品種。

另一項攸關Soave品質的關鍵,是被劃為Classico的傳統歷史產區。遠自十七世紀已經在區內務農,也是Classico傳統產區中歷史最悠久酒廠的Gini,無疑是最適合見證Classico品質的代表酒廠之一。儘管Gini在近年也開始在其他區域生產Valpolicella等紅酒,但是酒廠在Soave區擁有的葡萄園,卻全數位在屬於Classico範圍的傳統歷史產區。家族成員Claudio表示,在如今近七千公頃的Soave產區範圍內,

因為酒款受歡迎而不斷擴張的生產區域,是包括Soave在內的許多義大利產區都曾面臨的共通問題。

Gini的家族成員Claudio
表示，在Soave產區中
只占一成多的九百公頃
Classico產區，才是能讓
Garganega有最佳表現的
應許之地。

大多數都是在1970年的銷售熱潮之後，才「應需求」擴張出的種植區。其中只占一成多的九百公頃Classico產區，是屬於黑色火山土壤，自古就被證明是能讓Garganega有最佳表現的應許之地。

Gini不只擁有從七、八十歲到近百歲的老藤葡萄樹，其中更有許多屬於未經砧木嫁接的葡萄樹，因此果實總是常保風味濃郁。此外，由於晚熟的Garganega經常要在十月後才能收成，因此像Gini家占了山坡中段最佳位置的葡萄園，才能在坡頂往往仍是一片綠意時，率先透出了成熟的黃色，暗示葡萄能更早採收，並有足夠的熟度，展現常見的檸檬、杏桃，甚或各種礦物質風味。Claudio還說，酒廠早在1980年代就開始實驗無硫發酵，近年還嘗試釀造黑皮諾和Valpolicella。透過嶄新的挑戰，使得Gini如今對白酒一改過去的作法，選擇以「減法」釀造哲學，盡可能回歸天然酵母、降低干預。甚至積極導入永續農法，取得有機認證，希望未來能將這類作法推廣到整個Classico產區，提升區域整體的酒質。

Gini不只在混和Garganega和其他品種的氣泡酒帶來驚喜，名為Col Foscarin的風乾葡萄酒，更是不負Soave的古代盛名，把當地自古以來糖分不多的Garganega葡萄風乾後再釀成風乾甜酒（當地稱Recioto）的習俗，輔以對葡萄品種和種植釀造的現代理解，轉為風味濃郁，飄散著蜂蜜、果乾等甜香，還有鮮明細膩酸度陪襯的液體黃金。儘管不甜Soave在今日已經朝著復興大步邁進；Gini的Recioto，卻讓人不得不感慨，老牌酒廠持續精進的器量不凡。因為就算流行再度轉向，Gini的Recioto都能讓酒廠從容以待。

歐維耶托（Orvieto）

儘管在俄國作家托爾斯泰的筆下：「幸福的家庭都是相似的，不幸的家庭卻各有各的不幸」。然而場景一旦換到義大利，或許是風光太明媚、氣候太舒坦，居然連悲劇都懶得翻新。於是，不同葡萄酒的衰敗和不幸，竟然能相似到就像在抄襲。只不過，再怎麼相似的東西，在義大利都需要有不同的名字——這就是歐維耶托（Orvieto）的故事：一種曾在歷史珍稀貴重，也從過往的甜白酒變成今日的不甜白

酒。歷經名滿天下到名聲衰敗，如今又似乎從谷底開始力爭上游。

歐維耶托（Orvieto）是義大利半島的中心——翁布利亞（Umbria）西部的小鎮；Orvieto也是當地生產、曾名滿一時的白葡萄酒。在古羅馬時代，拉丁文稱為「古城」而得名；及至中世紀，由於距離羅馬不遠的地利之便，和聳立高臺的絕佳位置，更讓Orvieto成為教宗經常造訪的避暑勝地。有了名人的定期來訪，酒要出名當然也更容易。附近恰好又多有河流和湖泊，於是秋季往往潮溼多霧的Orvieto，除了有名人訪客，還成為連貴腐黴（Botrytis Cinerea）都熱衷造訪的區域。

但那曾廣受權力人士喜愛的，其實是在酒窖裡受貴腐黴影響而帶有甜味的微甜白酒。某位十九世紀的教宗甚至曾要求，在葬禮前必須用Orvieto進行最後的淨身沐浴；同時代的義大利詩人，也將Orvieto讚譽為「瓶中的義大利陽光」，然而在1960至1970年代，Orvieto也為了迎合新消費者的偏好，改釀成不甜白酒；歷史古城的名氣、距羅馬不遠的立地、便於抵達的交通，則讓Orvieto廣受觀光客的歡迎，酒的名氣跟著很快傳遍國際。隨著聲名遠播，免不了有競相爭產隨之而來，最終果然成了「糟到只徒留虛名」的平庸酒款。

傳統上混和多種當地品種釀成的Orvieto，還因為調配中曾大量使用淡薄少味的托斯卡特比亞諾（Trebbiano Toscano，在當地又名Procanico）品種而引來詬病。不過，儘管在Orvieto的調配規範裡，比

例和品種都相當鬆散，也還能包含傳統和國際品種；但是如今絕大多數生產者更仰賴的生產骨幹，多是能讓Orvieto表現出檸檬、柑橘的舒爽清芳，有微微苦杏仁的乾果香氣，在礦物風味中偶爾還夾雜草本氣息的葛雷凱托（Grechetto）品種。

　　儘管翁布利亞也曾在1980年代，趕上當時的流行引進了許多國際品種；如今反而又以當地的原生品種更受矚目。比方早在上個世紀就推出百分百Grechetto的Arnaldo Caprai酒廠，在他們名為Grecante的Grechetto白酒裡，就能清楚嚐到苦杏仁、麥桿和礦物風味構成的清新組合。Grechetto本身雖然不容易有複雜風味，卻有鮮明個性，因此透過和其他品種的調配，甚至經過貴腐，反而能讓甜或不甜的Orvieto表現出豐富面向。

　　在當地釀酒已經超過半個世紀的Barberani酒廠家族成員Bernardo就指出，由於Orvieto的土壤結構豐富地混有火成岩、石灰岩、沉積岩以及部分黏土，因此在適切的種植方式配合下，往往能表現出豐富的礦物質風味。負責釀酒的家族成員Nicolo則指出，對釀酒師而言，Grechetto其實是難度頗高的品種。因為葡萄成熟得很快，太早收成容易酸度不穩，稍一晚收，又很容易出現氧化風味或低酸所導致的平直無趣。不過，過去在葡萄園裡往往一起混種的Trebbiano Toscano和Grechetto，近年來都改為分開種植，以便能在各品種的成熟期分開採收；酒廠如今也選用更長的酒渣接觸，來增加Grechetto的陳年潛力和複雜度。加上自1980年代就陸續採用自然、有機農法，葡萄園又恰好位在Classico歷史產區內著名的人工湖附近；Barberani因此不但在混和品種的基本Orvieto中，有豐富架構和圓潤質地；就連單一品種的Grechetto，都有明顯的礦物質風味來突顯鮮明個性。

　　至於一直廣受好評的Orvieto甜酒Calcaia（依產區法規，Orvieto可以被釀成甜或不甜，還是少數允許加入貴腐葡萄的產區。釀成甜酒的通常會在酒標上標示代表甜的Dolce或稍甜的Amabile字樣），更是在優雅均衡的酒質中，有些許受貴腐影響的葡萄添加深度。在嘗過這些酒款後，我似乎也感覺，Orvieto是真的回過神來，走出自己一手造就的悲劇。比方英國知名酒評：休·強生（Hugh Johnson）就曾表示，將主要調配品種由Trebbiano Toscano改為Grechetto，已經讓Orvieto起死回生。接下來，就看大家是否能一起拋開過時的想法和偏見，好把悲劇留在布幕的另一邊。

Gini
La Frosca

🔧 唯內多Soave地區
🍇 葛爾戈內戈（Garganega）
🏷 Soave Classico DOC
🍷 ❗❗～❗❗❗
💲 \$\$\$
🌡 🍎🍎～🍎🍎🍎

以來自火山土壤單一葡萄園的百分百
Garganega釀成的這款酒，由於平均樹齡
已達阿公阿嬤級的九十歲，葡萄園所在
位置又在夏季能有明顯溫差，使得酒款
能表現出包括白花、桃子等各種濃郁複
雜的香氣和飽滿酸度，在豐富的質地和
些微單寧的支撐下，成為表現突出的絕
佳Soave範例。

Decugnano dei Barbi
Villa Barbi

🔧 翁布利亞Orvieto地區
🍇 葛雷凱托（Grechetto）等
🏷 Orvieto Classico DOC
🍷 ❗❗～❗❗❗
💲 \$
🌡 🍎🍎～🍎🍎🍎

同樣位於歷史產區Classico的這家酒廠，不只有
悠久的歷史、絕佳的地段，還有上個世紀接手
的Barbi家族成員，試圖以自然農法讓當地曾屬
於海洋的風土發揮至極限。在以五成Grechetto
混和其他數種品種釀成的基本酒款中，已經能
感受到清純雅緻的檸檬、桃子等黃色水果風
味，還有源源不絕的飽滿礦物質和辛香質地，
勾勒出豐富面向。

Barberani
Castagnolo

🔧 翁布利亞Orvieto地區
🍇 葛雷凱托（Grechetto）等
🏷 Orvieto Classico Superiore DOC
🍷 ❗❗～❗❗❗
💲 \$\$
🌡 🍎🍎～🍎🍎🍎

在Orvieto，是否來自歷史產區Classico，也是從
外觀就能先進行的第一道品質篩選。這款香氣
飽滿濃縮的酒，雖然在調配中，除了當地常用
的傳統品種外，混了極少量Nicolo祖父早年
種下的夏多內和麗絲玲。那檸檬、杏仁氣息和
圓潤口感，卻是不折不扣的Orvieto風格。曾位
於海洋的石灰岩土壤，也帶來不亞於夏布利
（Chablis）的豐富礦物質風味。

Chapter

6

南部C-ABC

展開冒險
Calabria, Apulia (Puglia), Basilicata & Campania

這裡可能被當成落後、偏遠；可能被視為蠻荒、不進步。外地人說，這裡匱乏到連惡名都傳不出去；當地人則認為，他們的人情足以將所有困頓都變成醉人甜美。這裡是連義大利人都要支支吾吾、含糊其辭的南部；在眾多高尚的美德裡，仍保有「以物易物」習俗的地區。餐廳老闆買酒可以一貫賴帳，酒廠老闆也只好總光顧餐廳卻從不買單。把當局、專家都搞得七葷八素的各種當地品種，只是南部葡萄酒魅力中最無關痛癢的一小部分；讓人興味盎然的紅酒、無法抗拒的粉紅酒、出人意料的絕佳白酒都出自於此，但是葡萄酒哪比得上陽光下人心熱燙。愛因斯坦曾說：「義大利北部的人，是我所接觸過最文明的人類」，對我而言，義大利南部的人色彩最鮮明生動、行為舉止最荒誕熱情，將日常種種，宛如都搬到歌劇舞台上，搭著動人的音樂、華麗的背景、誇大的肢體語言，精采演出的奇麗區域。

當船駛離西西里，在春日和煦的陽光下，穿越與風平浪靜無緣

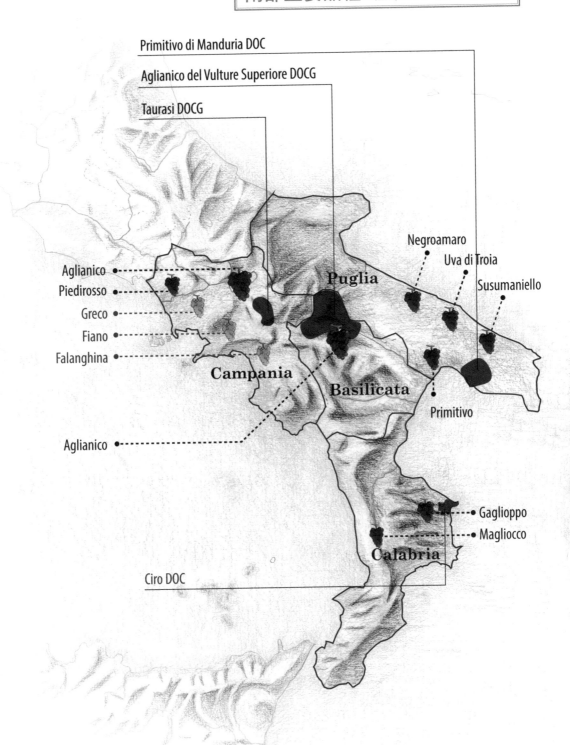

南部主要品種&產區分布示意圖

Primitivo di Manduria DOC

Aglianico del Vulture Superiore DOCG

Taurasi DOCG

Negroamaro

Uva di Troia

Susumaniello

Puglia

Aglianico

Piedirosso

Greco

Fiano

Falanghina

Campania

Basilicata

Primitivo

Aglianico

Gaglioppo

Magliocco

Calabria

Ciro DOC

的梅西拿（Messina）海峽，往義大利本島最南端——靴子上腳尖位置的雷久卡拉布里亞（Reggio di Calabria）前進時，這片曾經屬於古希臘的殖民地，雖然並未讓我聯想到史詩《奧德賽》裡主角的海上漂流，但是隨著我踏上陸地，登上慢速火車，沿著伊奧尼亞海（Mare Ionio）的碧綠輪廓，我終於見識到古希臘人口中，沿著海岸綿延的這片「葡萄酒大地」。

卡拉布里亞（Calabria）

　　操著沒有義大利腔的標準英文、輕便地穿著Levi's牛仔褲，比約定時間略晚幾分鐘現身的Paolo Librandi，竟然一開口就連忙道歉，解釋因為附近挖路臨時封街，才被迫繞了一大圈。「才遲到兩、三分鐘就道歉，顯然不是作風典型的南義人」我心裡暗想。事實證明，或許正因為這些一絲不苟、注重小節，才讓由父親和叔父在1950年代建立的Librandi，成為區內少數聞名海內、外的代表酒廠。

　　眼前這位從小就跟著祖父在葡萄園裡嬉耍、十多歲已在家裡酒窖開始幫忙的大男孩，今天仍在祖傳的山坡葡萄園裡，描述當年父親Nicodemo如何得在凌晨四點晨起，騎兩個半小時驢子才到這塊如今以佳里歐波（Gaglioppo）紅葡萄品種聞名的葡萄園；又如何靠著一台滿載葡萄酒的小貨卡，把酒遠銷到哥本哈根，更將葡萄園從幾公頃擴張

從父輩手上接掌Librandi的Paolo Librandi，以南方的熱情和非典型南方作風，持續領導酒廠維持領先。

到超過兩百公頃。

　　然而在平原只占不到一成、山海分據在兩側的Calabria，Gaglioppo卻是著名的歷史品種，傳說古希臘曾被送給奧運金牌得主的獎賞名酒Krimisa，用的就是Gaglioppo。當地為數眾多的原生品種裡，Gaglioppo至今仍是在戚羅（Cirò）紅酒和粉紅酒（Cirò Rosso和Cirò Rosato）中，占比至少九成的骨幹品種。這種顏色不很深濃，酒甚至偶爾帶著橘色調的品種，能在櫻桃等紅色漿果香外，有紫羅蘭、草本植物甚或香料香氣。明顯酸度、中等酒體，能依泡皮時間長短調整成溫順或結實的單寧，讓Gaglioppo以相近的風味口感，成為黑皮諾或內比歐露愛好者也很可能愛上的品種類型。嘗起來確實可以神似味道淡雅內比歐露（雙B以外的類型）的Gaglioppo，還因為曾被運到北部混入內比歐露的「傳說」，贏來「南部Barolo」（Barolo del Sud）的名氣；只不過在南部，想和Barolo沾親帶故的酒顯然遠不只一種。不勝枚舉的真偽難辨傳說，就成了當地人心照不宣的小秘密。

　　只是，當年一手創建Librandi的Nicodemo，關注的焦點並不僅限於Gaglioppo。基於他出外行商積累的見多識廣，總在思考不同品種在故鄉能如何表現的好奇心，Librandi在1990年代請來當時名聲鼎盛的釀酒顧問Donato Lanati，試圖以更現代化的釀造提升酒質，還開始大規模保存並深入研究當地數目眾多的原生品種。在總數超過兩百的葡萄品種裡，瑪里歐柯（Magliocco）就是另一種如今也備受矚目的深色品種。恰好能和Gaglioppo互補，還有更深色澤，更甜熟黑色果香，甚至更結實單寧的Magliocco，一直是當地傳統上混和不同品種混釀的紅酒中，常和Gaglioppo一起搭檔的品種。如今這種風味可以神似希哈的品種，則在酒廠的努力下，被打造成在討喜的濃郁風味裡仍然保持特色的單一品種。

中年轉業的A Vita酒廠
Francesco De Franco，
其小農的經營方式成為
Calabria酒業的發展新趨
勢。

今日Librandi的酒裡，不管是基本款中的清新果實，由距海幾百公尺的白葡萄帶來的海潮風味，都儼然活力充沛的Paolo那般，擁有足以和國際接軌的明淨樸實。臨別前，Paolo特別請太太準備了三明治，好讓我帶著裹腹。或許是那份三明治，或許是Gaglioppo酒中明亮的酸度，我不只覺得當地原生品種的潛力仍有待發現，也感受到Paolo口中這塊：「義大利中的義大利」，是多麼讓人感覺溫熱的地方。

告別了Paolo，來接我的是話不多，眼神卻充滿溫柔、A Vita酒廠中年轉業的Francesco De Franco。這是一名十八歲就離家，認定自己從此不會再回Calabria的當地人（有同樣想法的肯定不在少數）。誰料時間一到，活躍於翡冷翠（Firenze）的成功建築師卻發現原來自己就是Calabria，故鄉扎的根早成為他身體的一部分。於是當時機成熟，回返故里的念頭也像春天的綠芽難以抑止，建築師在經過近十年正式和非正式學習後終於轉換跑道，自2008年起在尊重自然的前提下，開始用Gaglioppo進行各種創作。對這位血液裡流著藝術家成分的農夫兼釀酒人來說，葡萄酒還是一種用來傳遞想法、展現自我的最佳媒介。或許正因為如此，才不過幾年，他以自然耕作和釀造方式製成的Gaglioppo（目前已獲有機認證）便被認為特色獨具，就連他的小農式經營（約只有八公頃，年產量和Librandi相距百倍），都被認為可能是多山多海的Calabria酒業未來發展的新趨勢。

　　對Francesco來說，好種卻難釀的Gaglioppo，絕對是他心目中的「頂尖品種」。因為Gaglioppo顏色淺淡卻有豐富單寧，因此只要能使顏色和單寧達到均衡，就能毫無疑問地做出好酒。因此他選擇讓時間成為最有力的幫手。不只研究不同狀態葡萄最適合的泡皮期間，也讓酒在完成後經過更長期培養，把品種可能不羈的單寧交給時間琢磨。於是在尚未完成、才剛泡皮四天的新年份Cirò Rosso Classico Superiore裡，我嘗到由鮮潤飽滿的草莓、櫻桃果香伴隨的硬漢般堅實單寧；同樣未完成的粉紅酒，則是在勻稱骨架下帶著近海葡萄特有的海潮香氣。至於他在某個年份被拿來單獨裝瓶的某塊葡萄園，在經過遠高於法規規範的長期培養後，竟然在單寧和酸度都展現質地不同的情況

'A Vita
Riserva

🍇 卡拉布里亞Cirò地區
🍷 佳里歐波（Gaglioppo）
ⓓ Cirò Rosso Classico Superiore Riserva DOC
🍷 !!!～!!!!
Ⓢ $$$
🌶 🌶🌶🌶～🌶🌶🌶🌶🌶

是因為恰好嘗到酒廠首個年份的2008年嗎？這款比一般規定的兩年期限培養更久，在收成後四年才推出，目前在乍看輕柔的口感下，其實包覆有綿延的柔順單寧和不覺酒精的均衡口感。些許的甜潤黑李香氣背後，似乎還藏有更多需要時間才會露臉的複雜香氣，已經具備依稀的清麗樣貌和未來潛力。

Librandi
Duca Sanfelice

🍇 卡拉布里亞Cirò & Cirò Marina地區
🍷 佳里歐波（Gaglioppo）
ⓓ Cirò Rosso Classico Superiore Riserva DOC
🍷 !!!～!!!!
Ⓢ $$$ OR $$$$
🌶 🌶🌶🌶～🌶🌶🌶🌶

儘管酒廠以Gaglioppo搭卡本內釀成的Gravello Val di Neto Rosso，才是餐桌上也常見的辣椒Calabria，被漫畫《神之雫》選來搭配泡菜（或辣味食物）的佐酒首選。不過這款用祖傳葡萄園及老樹果實釀成的酒，在不經木桶培養的傳統作法下，經較長培養仍保有品種性格的細膩之作。以野櫻桃夾雜著草本植物和香料的幽微氣息、優雅鮮明的酸度、沉穩結實的單寧，組成優雅的Gaglioppo樣貌。

下，仍然讓人聯想起內比歐露。也許，關於Gaglioppo潛力的謠傳不只是傳說；也許，Calabria真像Francesco想的，需要更多充滿自信的生產者，來重新點亮曾經閃耀的葡萄酒大地。

普利亞Apulia（Puglia）

任誰都沒料到竟會有這一幕，只見年過六旬的Giuseppe Palumbo在某個門禁森嚴的宅邸門口，因為連按幾下門鈴沒人回應，老先生竟然一個箭步就攀上高聳的鐵門，隔著嚴密的鐵網對著內院放聲大喊了起來。聽到電鈴、狗吠和老爸的叫喊齊聲大作，車內的兒子Vito趕緊大叫：「Papa，Papa」。幸好在一陣慌亂中，隨著對講機傳出磁性的噪音，老先生三、兩下鷂子翻身下了堅不可摧的大門，只見兩扇門以南部的速度緩緩開向兩側，一行人才終於進到義大利名演員：Riccardo Scamarcio位於家鄉Puglia的休閒豪宅裡。

原來，傳說中讓托斯卡納的歷史釀酒家族Antinori都要折服的Puglia葡萄農，確實有勤於農事訓練出的驚人技術、過人體力和敏捷行動力。當地葡萄農往往把葡萄園當成新車般寶貝，把每顆樹每年的表現摸得比老婆還清楚，因此也讓Antinori自1990年代末決定在Puglia投資後，就找上老先生擔任合作酒廠Tormaresca的首席執行官；甚至連知名影星都衝著他一生絕學，特別請他為種植葡萄的「純粹興趣」（儘管選在Puglia種植黑皮諾聽來是個難度頗高的「興趣」）指點指

點。

　　幸好讓老先生意見很多的，其實是在當地根據
地形氣候的不同，而或北或南占地為王的特有品種。
儘管Puglia（如今的義大利文名，Apulia則是古代稱
呼今日區內北、中部的拉丁文名，從而被轉借成為本
區的英、德語名稱）是義大利半島上少數以狹長平坦
地形聞名的地區，但是在這片古希臘時期就開始繁榮
的古老大地上，我總覺得不只南部人的一舉手、一投
足特別有戲，就連當地的葡萄品種，都似乎充滿了和
平坦地形對照的戲劇起伏。

　　比方最重要、最廣為人知，還兼顧彈性好用
的內格羅阿瑪羅（Negroamaro），就是能有不同扮
相，亦正亦諧的台柱品種。雖然名字叫得又黑又苦
（Negroamaro，依序是黑和苦的意思），實際上卻是
能呈粉紅色澤、常帶著櫻桃甜香，清新淡雅的粉紅
酒，也能是濃郁結實，富含黑色漿果又兼有陳年潛力
的紅酒。至於往往肉感豐滿、量感十足，動輒有果醬
般甜熟和高酒精的彼米提沃（Primitivo），則是在遠
渡重洋演了場尋親記之後，證實和美國自稱原生的金
芬黛（金芬黛）其實根本是同個品種，才成為擁有國
際知名度的「重量級」大腕。除此之外，品種劇團裡
還有在本世紀才冒出頭，傳說中能釀成優雅細膩文青
型態，至今仍充滿神祕色彩（因為喝過的人實在不

現任Tormaresca首席
執行官的Giuseppe
Palumbo（右）懷有在
葡萄園養成的一生絕
學，年輕一輩的兒子
Vito（左）則是家族精
心栽培出的行銷菁英。

多）的黑特洛亞（Nero di Troia 或稱Uva di Troia）。根據我有限的三
瓶經驗，Nero di Troia更像是現榨的可口櫻桃汁或液狀香料黑巧克力，
雖然能細緻優雅、柔美可喜，但似乎還缺了點明顯的巨星架勢。緊追
在後的，則是目前最受葡萄種植者歡迎、紅到連種苗都很難買到的蘇
蘇瑪尼葉洛（Susumaniello）。

　　這些在共通的豐沛果味之外又同中有異的不同品種，在
Tormaresca都按Antinori接軌國際的思維，用不刻意追求熟度的及時採
收、輕柔壓榨，低溫發酵等標準現代化概念，打造成具有明亮酸度和
柔細質地，到哪兒都能廣受歡迎的文雅風格。比方在既是DOC產區，
也因為建於十三世紀的八角形城堡而聞名的世界文化遺產：蒙特城堡
（Castel del Monte），儘管本身較高的海拔位置和石灰岩土壤，讓酒

很容易就能成為Puglia最優雅細膩的代表，但是Tormaresca用阿里亞尼科（Aglianico）品種單獨釀成的Bocca di Lupo，確實讓這在隔壁坎帕尼亞（Campania）名氣更大的品種，呈現出不同於結實強勁印象的細雅溫柔。就連來自南部、很容易過度豐厚的Primitivo，都被以更收斂的方式，在維持甜香的同時仍保有均衡口感——像極了一路接受菁英教育，卻辭退了全球知名會計師事務所工作回來協助老爸的Vito，有風度和幽默感讓人如沐春風。

隔了一天、換了場景，我來到能從海上啟程往東方的海路起點，同時也是古代經陸路能直通羅馬的Appia古道終點，位於Puglia南部的門戶：布林迪西（Brindisi）。或許因為作為「門戶」之都的歷史，讓此地早習於送往迎來、不帶情緒。於是如今看著不起眼的小鎮，路上只見三三兩兩的老人，空蕩的海岸，和標誌古道終點的巨石碑。然而對喝酒的人來說，Brindisi卻該是個歡樂無限的字眼，因為在義大利文裡，「舉杯」或「乾杯」，也被稱為「fare un brindisi」（來個Brindisi吧！）。來到Brindisi的我雖然不愁沒酒可乾，但是對於還想在後院種幾棵Susumaniello，卻苦於無處可買種苗的朋友，我倒是忍不住替她擔心了起來。

儘管聽來可能更像是卡通人物或精靈仙子的名字，實際上，Susumaniello品種的名稱，卻是源自葡萄產量大到得出動騾子（義文為somarello）般豐收滿載的生動傳說。可惜豐沛產量僅限於短暫的青年時期，隨著樹齡增長將大幅減產，因此一度備受冷落（相較於因為豐饒產量和用途多廣而盡享寵愛萬千的Negroamaro），甚至在上世紀末成了幾近滅絕的稀有品種。近年以Susumaniello受到矚目的

Racemi酒廠對Puglia原生品種研究不遺餘力的Gregory Perucci。

Rubino酒廠，釀酒師Luca Petrelli就不諱言，這個過去乏人問津的品種，確實在近年才突然吸引許多生產者爭相加入。但是即使Rubino已經有頗受肯定的Susumaniello，他仍然認為，在釀造上不算困難（只要葡萄夠熟）的Susumaniello，確實因為過往多只用來調配，因此在作為單一品種酒方面的初出茅廬、方向未定，才是今後左右品種發展的關鍵。的確，從Rubino新近才開始發展的氣泡酒、穩定的一般等級酒，乃至於已經聲名大噪、使用部分風乾葡萄釀成的旗艦酒，我所感受到的都是Susumaniello以新鮮紅、黑色漿果和幾乎難以察覺的柔和單寧演出的鮮潤討喜，易飲可愛到足以卸下任何人對葡萄酒可能有的戒心。但是也有人認為Susumaniello不只甜美討喜，比方Racemi酒廠的Gregory Perucci一聊起Puglia原生品種就手舞足蹈、魅力十足，甚至能穿插精采笑料，儼然名教授般開講幾小時。

早在1990年代，Gregory就因為引進現代化釀酒技術，並以「Felline」品牌（曾經也被引進台灣）將當時還沒沒無聞的Puglia和Primitivo品種推上國際，成為Puglia葡萄酒的現代化推手，更是區內原生品種的研究先驅。由他率領的Racemi，不只在Primitivo被證實和美國的金芬黛其實是同一品種後，還繼續深入研究撒連托（Salento）半島的不同土質如何影響Primitivo；連當地其他許多曾瀕臨滅絕的原生品種，都由他們率先搶救復育。從今天Racemi旗下囊括幾個品牌的多

樣酒款，不難看出背後的龐大品種實驗室：例如在當地曾拿來做苦艾酒原料的維爾得卡（Verdeca）品種，就被Racemi先實驗性做成氣泡酒，又因為意外被遺忘而輾轉成為清爽中帶有香料風味和飽滿結構的迷人白酒。

對早在1998年率先接觸Susumaniello的Gregory來說，儘管這個品種有許多容易混淆的正確或誤謬別名，還有兩個不同亞種，但是長年的經驗讓他堅信，由於Susumaniello的種子比其他Puglia品種更不容易釋出帶苦味的單寧，因此酒不只更能承受較長時間的萃取，還比其他品種有更高的陳年潛力。確實，在Racemi嘗到的Susumaniello，相較之下就在迷人漿果外不僅有地中海植物風味，也有更多柔順單寧和飽滿酒體。但是當Susumaniello甜美的汁液在口中縈繞，讓我倍感困惑的卻是，如此甜美純真，讓人愛不嗜口的Susumaniello，難道真需要更長的陳年潛力？

更能讓我克制住想喝的慾望，不因為甘美果香實在誘人而全無自制力的，應該是旗下分別種在不同土壤，也明顯表現出各異風味的Primitivo。即使因「美國加州代表品種」而廣為人知，但是世居南義，日日在Salento半島上受海風吹拂的Primitivo，卻能因為近海的葡萄園和土壤差異，生出迥異於加州孿生兄弟的氣質。像是從輕鬆的休閒服換上更合身的義大利剪裁西服般，有更緊緻的酸香結構襯托迷人身形。比方在沉積土壤混和火山碎屑構成的凝灰岩地塊，以部分來自加州的無性繁殖系搭配當地Primitivo釀成的Sinfarosa，就在沉厚的黑櫻桃甜美外有緊緻的結構和胡椒香；因為種在更多風，日夜溫差更大的黑色土壤葡萄園而收成略晚幾週的Giravolta，則在冷調背景下有更偏紅櫻桃的活潑鮮潤。最讓我傾倒的，卻意外地是能最早收成，還維持飽滿結構和複雜的Dunico。

不管是豐厚甜美又有結構的Primitivo、Negroamaro等紅酒，抑或拜科技之賜能輕鬆釀就的清爽白酒，我總覺得Puglia或許因為幾十年飲用粉紅酒的當地習俗使然，使得當地人或酒，似乎仍在經現代化的打磨後，可貴地留有粉紅酒般的親切和藹。老實說，我或許不期待這些Puglia品種要有多好的陳年潛力（雖然它們已經證明可以陳年）。明天、明年，或者幾年後，對Puglia的人或酒來說，也許都太遙遠。在這習於離別的海港之省，珍惜每個當下的飽滿豐盛，在酒年華正盛時就盡享其中迷人的口感香氣，或許才是最Puglia的品酩之道。

Tormaresca
Masseria Maìme

🍇 普利亞Brindisi地區
🍷 內格羅阿瑪羅（Negroamaro）
🏷 Salento IGT
🍷 ‼‼‼～‼‼‼‼
💲 $$$$
🦞 🦞🦞🦞～🦞🦞🦞🦞

酒款風味可以彈性多元的Negro
Amaro，目前還是酒廠旗下運用最
廣的明星品種。能在粉紅酒中清
淡可愛、在普通等級酒中鮮香迷
人，至於在這款曾經多次獲獎的
高階酒款裡，用的不但是單一莊
園篩選出的最佳果實，還有深濃
的果香和香料風味搭配酸度結實
的飽滿酒體，構成香氣多元、結
構豐富且足以陳年的另個面向。

Rubino
Torre Testa

🍇 普利亞Brindisi地區
🍷 蘇蘇瑪尼葉洛（Susumaniello）
🏷 Salento IGT
🍷 ‼‼‼～‼‼‼‼‼
💲 $$$
🦞 🦞🦞🦞～🦞🦞🦞🦞🦞

儘管Susumaniello的流行似乎在近
年才開始爆發，Rubino卻從2000
年起已經推出這款酒，更在近年
隨著對品種的掌握更深而逐漸微
調。將使用的部份葡萄先經數日
風乾後再發酵，就是這兩年才開
始的作法。酒於是除了各種黑色
漿果的濃縮風味外，還有飽滿
酒體和些微殘糖構成圓潤滑順口
感。

Felline
Dunico

🍇 普利亞地區
🍷 彼米提沃（Primitivo）
🏷 Primitivo di Manduria DOC
🍷 ‼‼‼‼～‼‼‼‼‼
💲 $$$
🦞 🦞🦞🦞🦞～🦞🦞🦞🦞🦞

曼都利亞之彼米提沃（Primitivo di
Manduria），是Puglia南部最著名的Primitivo
紅酒產區。這款產自鄰近伊奧尼亞海（Mare
Ionio）、混和砂土和火山岩層葡萄園的果
實，釀成的是除了品種慣有的甜美果實風味
外，還有著強勁結構和綿長酸度，在單寧飽
滿的同時還充滿香料風味的另種多元複雜
Primitivo。

巴西里卡達（**Basilicata**）

　　任何打算在黑社會闖出一片天（或只想平淡離群索居）的義大利人，都該先弄清楚巴西里卡達（Basilicata）的正確位置，好在時運不濟時，能深藏遠遁。這是一塊只要出了當地，就會憑空從地圖上消失的多山地區。不只受過教育的義大利公民可能以為巴西里卡達遠在巴西隔壁，就連土生土長的當地人，對故鄉容易成為陌生國度的這件事，習以為常到雲淡風輕。他們說：「就算外面的人不知道，我們也不在意」。某個北義菁英家庭裡，正接受正規學校教育的十幾歲孩子倒很一針見血：「學校地理是有教，可是那裡連黑手黨都沒有，所以真的很多人不知道」！

　　地無三里平的Basilicata盡是高山、丘陵，和偶爾出現死火山的環境，連黑手黨都很難混下去。但對葡萄樹來說，這裡卻是坐擁絕佳土壤地形，涼爽氣候，還有足夠日夜溫差的理想生長環境。儘管在整個義大利，葡萄酒產量約莫排在倒數第三的巴西里卡達，因為產量和知名度都相對偏低，很少受到重視。事實上，不只當地活躍的Aglianico品種，是和中部山吉歐維榭、北部內比歐露齊名的義大利三大紅酒品種；區內著名產區的吾爾圖雷之阿里亞尼科（Aglianico del Vulture），更是以全義最優雅細膩Aglianico聞名的重要產區。

將Basilicata葡萄酒推上國際的老牌酒廠Paternoster第三代主人Vito Paternoster（本廠現已轉手被東北部大廠Tommasi納入傘下）。

　　主要占據南部幾區，偶爾也能在中部被發現的Aglianico，不只因為能展現風土差異，又能保持品種性格，而被認為是義大利重要紅酒品種。Aglianico可以釀成從氣泡到紅酒，從清淡到濃厚，豐富飽滿的香氣口感，能長期陳年的酒質，能神似內比歐露的高酸和高單寧，還讓Aglianico釀成的酒也常被冠上「南部Barolo」的稱號。研究義大利品種的專家甚至認

為，Aglianico其實是以全球標準來說，都堪稱「偉大」的紅酒品種。
只不過，理應「偉大」的品種，似乎也存在不少悖謬。比方Aglianico
雖被認為歷史悠久，卻罕見地直至十六世紀才留下文字記錄，也曾被
認為來自希臘，卻在DNA鑑定後驗明是義大利本地的野生品種。眾
多足以混淆視聽的別名、相似名稱和亞種（對義大利品種來說，這狀
況幾乎就像男人外遇般普遍），更讓專家質疑某些著名產區宣稱的
Aglianico（比方Basilicata必須以百分之百Aglianico釀成的Aglianico del
Vulture 相較於Campania的著名產區），會不會其實是完全不同的品
種，而非只是在不同環境下生出些許變異的亞種。某位我素來敬重的
酒友更用自身經驗推理：「我覺得Aglianico應該更像是南部的多切托
（Dolcetto）」。

　　好吧，我想Dolcetto是有點太過頭！這畢竟是需要晚收又能有
高酸和高單寧的品種，但是近年的釀酒流行，確實常將Aglianico塑
造成果味極度豐沛甜美，酒體盡可能飽滿濃縮，某種程度像是被套
上「Dolcetto」的風格外衣。甚至以往年輕時可能難以接近的單寧，
如今都因為酒廠用各種方式「貼心」（或多餘地）加以馴化，使得
現下的Aglianico幾乎各個單寧都順口甜熟，開瓶就能即飲──讓保

持耐心的美德都顯得多餘。幸好在Basilicata，相對封閉的環境，不只讓生產者隨潮流起舞的速度慢上幾拍，更重要的是，此地多數位居高海拔（動輒五、六百米或以上）的葡萄園位置和吾爾圖雷山（Monte Vulture）的火山土壤也鮮有改變。這使得本地的Aglianico del Vulture，不只能在著名Aglianico產區中成為風格優雅細膩的「女性」代表，還往往因為絕佳的酸度和礦物風味憑添性格和深度。

離開Basilicata前，我的當地嚮導：老牌酒廠Paternoster（創建於1925年，靠著幾代人的努力才將Basilicata酒推上國際）的第三代主人Vito和同事一起送我到車站。不過當他們發現我竟然刻意「提前」抵達車站以免趕不及車班時，臉上露出了對外地人的同情：「我們這裡沒有人會早到趕火車的」她說。於是，兩位當地人開始悠閒地在鐵軌旁享受飯後的神仙時光，我則在高海拔山區吹著春日冷風的同時，沉浸在方才菲亞諾（Fiano）白酒和Aglianico粉紅氣泡酒的細巧可愛裡。火車果然按當地的步調，不只遲來了好一陣，連啟動之後，都花了很長的時間維持能瞬間停下的極慢速。隨即而來的九彎八拐山洞，讓眼前開始忽明忽暗；黑暗中，從Paternoster酒廠露台飽覽的山谷全景，卻殘影般地揮之不去。或許Basilicata正是靠著這些和外界阻隔的眾多山丘，鹽巴似地將本地的鮮味也完整地醃製保留，才能在今日仍難得有獨特滋味，以及格外動人的酒。

Paternoster
Don Anselmo

🍇 巴西里達卡達Barile地區
🍷 阿里亞尼科（Aglianico）
🏷 Aglianico del Vulture DOC

🍷 ⌇⌇⌇⌇⌇～⌇⌇⌇⌇⌇
ⓢ $$$$
ⓜ ✔✔✔✔✔～✔✔✔✔✔

如果只能從眾多的Aglianico產區中挑選一個，我想Aglianico del Vulture會是我最鍾情的產區。除了最佳產區共通的火山土壤，這裡還有動輒五百公尺以上的較高海拔，讓這款誕生超過三十年的老牌名酒，能在經長期培養後表現出自然的柔細單寧，同時在水果風味外有更多煙草、礦物質等細緻優雅的複雜風味和綿長餘韻。

坎帕尼亞（Campania）

那是我入行二十年、走過幾大洲，第一次在葡萄樹前面，被如此撼動。震攝人的不只是那片不經砧木，光靠自己根系長到高過兩米的葡萄「樹林」，還有它們寬達六公尺，朝四面八方放射的枝幹，竟然在張牙舞爪的同時又柔美地曲折縈紆。陽光下肆無忌憚向上的綠芽，像是正對著宇宙叫囂的不凡生命力；如果葡萄樹精在地球也有基地，那麼它們肯定都聚在這裡。

這裡是Campania，義大利對種植國際葡萄品種最沒興趣的地區。事實上，只要瞻仰過Feudi di San Gregorio酒廠這片名為Dal Re（意為「國王的」）的歷史葡萄園，就能理解，在如此生氣勃勃、靈氣充滿的葡萄園面前，實在沒道理種植國際品種。園裡連葡萄根瘤芽蟲都無法生存的深色火山砂土，讓老樹因此能免受上世紀蟲害（Phylloxera）侵襲，使高齡一百五十至兩百歲的葡萄「樹精」至今仍能在園裡卓然挺立。然而用這些極老藤葡萄樹果實釀成的酒廠旗艦酒Serpico，風味卻一點不陳腐老舊，反而精準地在沉著中有細膩和生動；一如聰明大器的酒廠現任總裁Antonio Capaldo。

建於1986年的Feudi，在成立的前二十年，已經致力研究保護當地瀕危品種，請來法國的著名香檳生產者Anselme Seloss一起釀氣

帶領Feudi di San Gregorio酒廠走向國際的現任總裁Antonio Capaldo。

泡酒，更將觸角延伸至鄰近Basilicata、Puglia，從籍籍無名成長為南義代表酒廠之一。但是Antonio曾在歐洲各地學習商業、金融、管理，甚至曾任職麥肯錫顧問公司的國際視野和背景，卻讓酒廠並不自滿於既有的成功，還繼續積極邁進。他不只找來在葡萄園管理上享有盛名的Pierpaolo Sirch，改進許多葡萄園和酒窖的工作方式，更為酒廠增設了米其林星級餐廳，推出更多單一葡萄園酒款等，企圖從方方面面傳遞Campania產區的種種魅力。

在義大利近代葡萄酒的發展過程中，Campania是先因陶拉希（Taurasi）DOCG產區強勁結實的「男性」風格Aglianico紅酒才享有盛名。但在內陸多山地區，近年卻以高海拔和山區涼爽氣候搭配原生品種而產生的性格別具白酒（甚至氣泡酒），屢屢引來國際推崇，而在今日以白酒為重。這些以葛雷科（Greco）、菲亞諾（Fiano）、法連吉娜（Falanghina）等當地品種釀成的白酒，甚至被認為潛力足以比擬法國布根地。照Antonio的說法：香氣華麗的Falanghina，是常帶有白花、青蘋果、杏桃等花果香、被塑造成清新柔美型態，一到米蘭就仍屬於「從未聽聞」的南部品種。葡萄習性更接近夏多內的Fiano，則不只能被多元地釀成甜或不甜，還能依生長環境和釀造風格的選擇，表現從清澈冷冽到豐潤圓厚，從細膩優雅到飽滿濃郁，實是伴隨絕佳陳年潛力的可能「偉大」品種。至於同樣可能「偉大」的，還有離奇複雜身世，難種難釀特性而讓葡萄農頭痛的Greco，偏偏對我來說，Greco的結構、餘味、礦物質表現，以及偶現的鹹味，才最教人心動。

在Feudi di San Gregorio，這些不同品種都按現代化風格，給打磨得潔淨討喜。比方從一般等級白酒，已能清楚區隔出品種特性；在更高的單一葡萄園等級，則因更老樹齡和獨特風土，能在架構更宏大的同時有更多陳年潛力。整體而言，我特別偏好Greco在氣泡和不甜

白酒中的清爽果香和明顯礦物風味；酒體更豐濃飽滿的Fiano，則在甜白酒中仍有清新可喜。Antonio認為，由於白品種過去在當地往往只供食用，因此不像紅酒品種留有較多老樹資源，加上過去欠缺單一葡萄園裝瓶，才未讓外界認識到品種的十足潛力。因此他特別致力於推出單一葡萄園酒款，希望讓更多人體會當地白酒的獨到精微。至於Aglianico紅酒，Antonio則不諱言，酒廠確實透過各種方法試圖馴服品種的不羈單寧：在單寧全熟才採收、以各種更輕柔細膩的方式壓榨處理、調整木桶的使用等，都只是諸多微調之一。以結果來看，Feudi旗下的Aglianico都有高雅的細質單寧和迷人果香，反而是酒中仍殘留一絲生猛單寧和野味的Aglianico del Vulture（酒廠在Basilicata的投資），透露出古老品種令人懷念的原始樣貌。

剛升格為人父的Antonio甚至語重心長地表示，自己如今更意識到，經營一家酒廠作出的每個決定，都得為後代子孫將眼光放得更遠——這讓我想起區內創立於1878年，至今仍由家族成員掌舵的Mastroberardino。要不是被譽為「葡萄考古學家」的上代莊主Antonio Mastroberardino，在二戰後獨排眾議，甚至在當時被視為「食古不化」地堅持保存、生產當地原生品種，那麼今天的Campania或許不只會失去引以為傲的Greco、Fiano、Aglianico，更難保不會被山吉歐維榭、Montepulciano、Trebbiano等產量更大的品種群起占領。

也因為Mastroberardino在保存和研究當地品種的不遺餘力，酒廠因此難得地有了乘時光機、重返數千年前的機會。身為龐貝考古研

究團的一員，酒廠得以在維蘇威火山為背景的正宗「古代」葡萄園裡，以最先進的DNA鑑定結果，推估當時最可能用來釀酒的紅皮耶第（Piedirosso）、夏西諾索（Sciascinoso）品種，並按古書記載的種植、剪枝方式實驗復育。兩者果實甚至混釀成數量非常稀少的「復刻版」古代龐貝紅酒Villa dei Misteri。儘管在全盛時期號稱有至少兩百家以上葡萄酒吧的世界文化遺產：龐貝古城內，相當有限的葡萄園面積，讓Villa dei Misteri成為罕見稀有的收藏酒。但是從我所品嘗到、風味或許相去不遠的百分之百Piedirosso紅酒Lacryma（Villa dei Misteri為九成Piedirosso，Sciascinoso則是一成）來看，因為葡萄的紅色枝梗形似鴿子紅色腳爪才得名的Piedirosso，儘管是名義上在Campania重要性僅次於Aglianico、在釀造上也頗具難度的第二大紅酒品種，但是從酒的紅色漿果和糖果甜香；明顯的綿延酸度；灰燼、草本類植物氣息；略顯野性的口感質地等，都讓我以為此品種似乎更適合作為特色鮮明的「地方特產」，不見得容易討好習於國際化葡萄酒風味的廣大群眾。

另一方面，作為已傳承十代的區內最重要歷史酒廠之一，Mastroberardino在1990年代也經歷了司空見慣的兄弟分家大戲。原本和Antonio一起打拼的兄弟Walter，在分得許多葡萄園後，帶著妻小出去另創了Terredora酒廠，Antonio和如今掌管酒廠的兒子，則是在保留歷史酒廠和名稱的同時，隨後新添了許多葡萄園，從而展開一連串新嘗試。一直致力於品種研究的Mastroberardino，因為發現不同的無性繁殖系，確實能影響Aglianico的單寧質地，因此特別從多達數十種的歷史樹種中，找出生命力最強、單寧也最圓順柔細的Aglianico，

左　Mastroberardino請藝術家繪製壁畫將儲酒窖裝飾得美輪美奐。

右　Mastroberardino酒廠所參與的考古研究計畫，讓酒廠得以在以維蘇威火山為背景的龐貝古城裡，研究正宗的「古代」葡萄園。

在新莊園裡復育繁殖。再搭配微調種植密度、剪枝方式、釀酒技術等,使得Mastroberardino近年不只催生了能有更豐富紅色漿果、更少量堅硬單寧、更容易提供立即享受、風味更柔美可喜的新世紀風格Aglianico;連白酒品種都循同樣思維,不只突顯了Fiano的輕柔細膩,連性格強烈的Greco都被塑造成質地輕巧果香清新,細雅的風味十足能討好女性。

　　但是儘管Greco能被成功地塑造成清爽多酸、輕巧雅緻,這種過去在當地因為慣用高產量無性繁殖系而讓酒往往失去個性的品種,其實是能有深濃酒色伴隨成熟果香,也因富含酚類物質,是易有飽滿酒體和結實質地的品種。偏偏需要晚收又容易染病的性質,讓Greco在種植和釀造上都讓人頭痛;不過Greco最讓人頭痛的,還是品種紊亂的身世。因為這很可能是義大利擁有最多「山寨」版的葡萄品種(許多名為「某某Greco」的其實都和Greco品種完全無關,而只是因為

Greco字面帶有「希臘的」意思，才造成種種希臘源流、希臘風格的關連說法經各種以訛傳訛長年累積的結果），就連稱為Greco Bianco（白色Greco，按理通常會被直接聯想到釀成白酒的Greco品種）的葡萄，都在經DNA鑑定後被確認是另一種全然無關的：麗巴里之馬爾瓦西亞（Malvasia di Lipari，馬爾瓦西亞又是在混亂程度上少數能和Greco並駕齊驅的另個歷史品種）。但是別忘了我們是在義大利，所以無法接受DNA鑑定結果而仍然宣稱他們的才是「正宗」Greco的種植者比比皆是，連酒廠都不諱言：「經常碰到宣稱自己的Greco和別人不同的，其實結果很可能是相同的；說是相同的，卻往往被發現原來是不同的；因為實在很難去判斷大家說的話到底有什麼依據、可信度在哪裡，因此我們也只能以自己的實驗、研究為依據，相信我們認為是正確的」。

於是，我也只能根據眼下看起來最可信的資料，來理解大體上能被簡化為兩種的所謂「Greco」。首先是主要出現在Calabria，被稱為Greco Bianco的葡萄（單在這個名稱下又有源自不同區域的不只一種，而其中一種又被認為是與他者截然不同的），實際上應該是難種、難釀、事實上和Greco無關的Malvasia di Lipari（但是很多當地生產者仍對這結論心存懷疑）。至於在Campania（特別是本章節）出現的Greco，指的則是和DOCG產區同名的：圖福之葛雷科（Greco di Tufo，Tufo是因火山碎屑土壤而得名的當地小鎮，但是Campania還有許多在Greco後面跟著不同地名的，例如Greco di Napoli等，實際上也都是同一種）。Greco中名氣特別大的Greco di Tufo，或許因為生產者或區內特有風土的形塑，而往往表現出和豐濃飽滿無關，反而是在結實細瘦之外還富含礦物質的冷硬風格。

相較之下，以阿維林諾之菲亞諾（Fiano di Avellino）DOCG產區最著名的Fiano白酒，就因為產區本身更廣的面積、更多元的土壤，讓Fiano的表現也更多樣靈活。比方Terredora酒廠的Daniela和他們的Fiano白酒，就都以更強烈豐潤的南方氣質，讓人印象深刻。比約定時間遲了至少一小時才姍姍來遲的Daniela，出乎意料地仍一派泰然自若，後來我才發現，她在身著華服蹬高跟鞋攀爬陡峭的山坡葡萄園時，竟也有同樣的若無其事。於是這家在父輩因為兄弟分家才獨立於Mastroberardino的酒廠，因為握有許多絕佳葡萄園，是以至今在酒中仍能感受到頂尖原料造就的淳樸質地。首先是在1970年代幾乎滅絕，因為祖父Antonio Mastroberardino的努力才保存下來的的Fiano，竟然

在Terredora經長期培養的Campore單一葡萄園酒款中，展現出和年輕
酒款的小巧明淨截然不同的優雅結實、飽滿圓熟，令人聯想到頂尖的
新世界夏多內。果然，葡萄園所在的Lapio小鎮，是早在歷史上享有
盛名的Fiano名園。或許是因為葡萄園和陳年的力量，這款2010年的
Fiano不只讓我見識到品種在風格上能有的多變和彈性，甚至開始期待
酒款的未來潛力。

　　當年要是沒有祖父Antonio在二戰後默默保存、釀造這些逐漸消
失的品種，後世也無法透過當時的酒款，在上個世紀末發現Aglianico
潛藏的驚人陳年潛力。專家甚至指出，Campania除了目前已被廣泛
使用的原生品種，散落在各地因為火山土壤而得以保留下來的有待發
現品種，至少達上百種。海岸邊，以龐貝為首幾個古城，因為數千年
前的火山爆發，得以封存一幕幕古代日常光景；橫亙在內陸山區的這
些近兩千公尺的高山和火山帶，則是以同樣的方式，為本地留下無比
豐富珍貴的葡萄酒文化遺產。難怪在自古就被稱為「豐饒之地」的
Campania，連一瓶酒中，都巧妙地融合了古老的過去和現在。

Feudi di San Gregorio
Serpico

🍇 坎帕尼亞Irpinia地區
🍷 阿里亞尼科（Aglianico）
Ⓓ Irpinia Aglianico DOC
🍷 !!!!~!!!!!
Ⓢ $$$$
Ⓜ 🍷🍷🍷🍷~🍷🍷🍷🍷🍷

儘管我認為，Campania如今紅白並重的結果，讓各家酒廠幾乎都有品質同等優異的紅酒和白酒（以Feudi來說還包括氣泡酒），在酒廠的Cutizzi Greco di Tufo之外，用Dal Re葡萄園老樹果實產的此酒，讓我印象最深刻仍是在黑櫻桃的濃郁甜美風味外，同時保有極細質地、酸度，甚至連單寧都生動活潑，在香料後味展現渾然天成的美味。

Terredora
Campore

🍇 坎帕尼亞Lapio地區
🍷 菲亞諾（Fiano）
Ⓓ Fiano di Avellino DOCG
🍷 !!!~!!!!
Ⓢ $$
Ⓜ 🍷🍷🍷~🍷🍷🍷🍷

在Terredora旗下，最頂級的紅白酒其實都出自名為Campore的同塊葡萄園。這些都經過較長期培養的酒，於是也都以更優雅細膩的姿態，展現出不同的曼妙風度。讓我感受到Fiano在柔滑飽滿的質地中又有濃郁果實和乾果香氣的這款白酒固然可喜，同園的Aglianico紅酒也以優雅細膩的質樸風格令人回味無窮。

Mastroberardino
Naturalis Historia

🍇 坎帕尼亞Mirabella Eclano地區
🍷 阿里亞尼科（Aglianico）
Ⓓ Taurasi DOCG
🍷 !!!!~!!!!!
Ⓢ $$$$
Ⓜ 🍷🍷🍷🍷~🍷🍷🍷🍷🍷

儘管酒廠自1980年代已經享有盛名的Radici Riserva紅酒和Novaserra Greco di Tufo白酒都能有無比的品飲樂趣，但是這款用樹齡更高的四十年以上單一地塊果實釀成的Aglianico，在單寧甜熟柔美的同時，還有華麗豐沛的黑色漿果、肉類、菸葉等多重香氣，在口感豐盈外香氣飽滿濃密。

Chapter

7

西北部

文明的山區葡萄酒 I

Piemonte & Lombardia

西阿爾卑斯、中阿爾卑斯、東阿爾卑斯的峰峰相連，連出了義大利北部依序和法國、瑞士、奧地利、斯洛維尼亞相鄰的界線。不過縱使緊緊相鄰，不同的區域卻仍像伸出來參差不齊的手指，在樣貌、氣性都顯著不同。比方單是同居西北的Piemonte和Lombardia，Piemonte因三面環山，和外界往來不易，隔著國界又是歷史上曾被統治的法國，難免在各方面留有深遠的法國影響（比方義大利的酒中之王Barolo，要是少了來自法國的釀酒顧問，或許就會再難產好一陣子）。另一方面，地形能清楚分成北部山地和南部平原的Lombardia，不只在歷史文化受更多西班牙、奧地利的影響，還因有大城米蘭坐鎮，使得這塊義大利經濟中心，不只是全義最富有的地區，更恰好就是價格高昂，試圖以「義大利香檳」高貴形象出現的凡嘉果塔（Franciacorta）誕生地。

倘若將義大利葡萄酒，極簡略地依產區位置坐落在山區或沿海一分為二，北義這些被阿爾卑斯山環繞的區域（以及其他中南部山區），顯然屬於「山區葡萄酒」，能比產自沿海的「海岸葡萄酒」，因為更高海拔的葡萄園位置，更明顯的日夜溫差，帶來更多元的香氣和酸度。變化更大的環境，不只讓葡萄必須在位置最佳的葡萄園才有足夠熟度，也更容易受年份影響而有酒質不一。這些產自山區的葡萄酒，甚至有慢熱晚熟的性格，一開始或許難以親近（例如雙B），但是一旦有自然條件配合，這些酒卻很可能以更多酸度和纖細香氣，讓紅白酒都細膩高雅，甚至有更長陳年潛力。

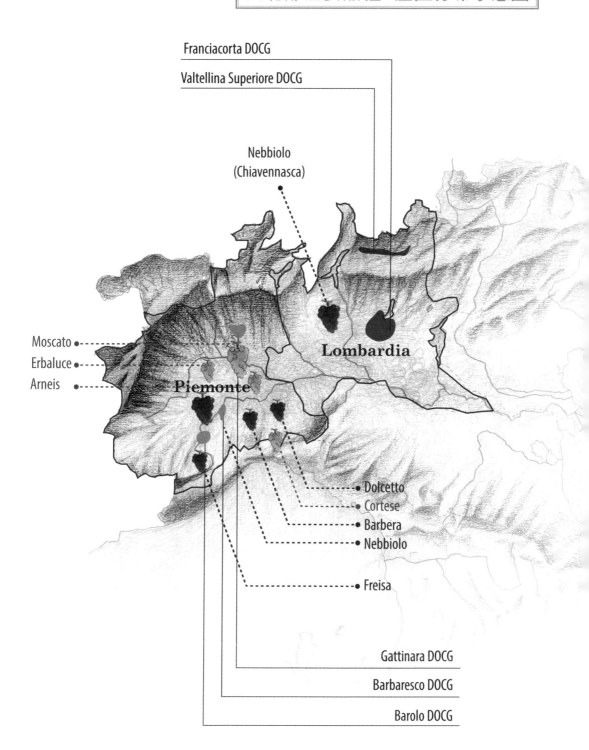

西北部主要品種&產區分布示意圖

Franciacorta DOCG

Valtellina Superiore DOCG

Nebbiolo
(Chiavennasca)

Lombardia

Moscato
Erbaluce
Arneis

Piemonte

Dolcetto
Cortese
Barbera
Nebbiolo

Freisa

Gattinara DOCG

Barbaresco DOCG

Barolo DOCG

多切托（Dolcetto）

　　當舉目所見，除了頂上雪白的阿爾卑斯山，還有黃的、紅的、紅棕色的大大小小色塊，不規則地像是塊巨大的拼布毯般，鋪在朗給（Langhe，註1）霧氣瀰漫的山丘葡萄園，當地人就知道，秋天來了。在這由許多不同坐向的小丘，綿延起伏構成的Piemonte葡萄酒聖地，儘管能稱王稱后的，仍然是內比歐露釀成的Barolo和Barbaresco；但即便是王與后，都需要眾多的皇親國戚甚至平民百姓，才能突顯尊貴和與眾不同。在秋收的季節，當地葡萄園也在留下亮黃樹葉的內比歐露外，還有色澤豔紅，也最早成熟的多切托（Dolcetto）；以及用深濃的紅棕色宣示鮮明性格的巴貝拉（Barbera）。

　　這些品種因為成熟時間各有先後，因此過去（1960與1970年代）往往和內比歐露混種在同塊葡萄園裡，各占據不同位置。之後隨著雙B在上世紀末掀起國際流行和高昂酒價，能生產雙B的葡萄園，於是幾乎全成了其他品種難以立足的葡萄頂級豪宅用地。酒價遠不及雙B的

巴貝拉和多切托，也像買不起市中心精華地段的小老百姓那樣，逐漸往外圍產區遷移（雖然仍有少數例外）。唯獨在極少數的幾座村落，過去幾乎家家戶戶都有生產，也是當地人最常飲用的的多切托，仍能在今日受到VIP等級的待遇。比方在以多利亞尼（Dogliani）為首的幾個村子，多切托不只占有許多最理想的葡萄園位置（相較於在他處，早熟的多切托往往只被用來填滿內比歐露無法成熟的地塊），就連生產者對待這些品種的方式，都相當不同於過往的輕慢隨性。

我的多切托啟蒙，就有很大一部分來自於Dogliani村裡，多年前結識的San Fereolo酒廠女主人Nicoletta Bocca。因為酒的酸度偏低、味道甜美，連葡萄都罕見地甜熟到能直接食用，多切托因而贏來「小甜甜」的可愛名稱，然而骨子裡，這卻更像是童話故事裡繼母專用來折磨人的壞心品種。偏偏，曾在米蘭絢爛的服裝業打滾的Nicoletta，就是為了多切托脫下華服，走進葡萄園的灰姑娘。原本教當代服裝的她，因為從小跟著性好葡萄酒的父親在Langhe四處沽酒，於是原本只是嚮往鄉居生活而買下附帶葡萄園的農舍，竟讓她從此成了葡萄酒農。為顧及孩子的健康，這位務農的大外行，還一頭就鑽進自然動力種植法（註2）、採少干預的釀造。

儘管在Dogliani一帶的生產者，多半把多切托很當一回事，「小甜甜」卻沒因為生產者傾注的熱情，變得和善容易。這仍然是一種極度考驗耐性的品種，柔弱難長、性情嬌弱，在收成期稍有過度溫差就

左 年近九旬的Quinto Chionetti老先生，至今仍然活躍於自家的Chionetti酒廠。

一頭栽進自然動力種植法和少干預釀造的 San Fereolo 酒廠女主人 Nicoletta Bocca。

可能要命。讓人總得彎下腰的低矮樹形，更讓簡單農事等於劇烈腰痛；太濕容易爛，太熟馬上落果。多切托不只在葡萄園裡從沒給生產者好臉色；就連在酒廠，豐富的單寧和低酸，都讓均衡酒質得來不易；木桶培養稍微一多，很可能會蓋掉「小甜甜」輕柔可愛的甜美香氣。儘管多切托種起來麻煩至極，在價格上也回報不多，唯獨對那些投入全副心力的生產者，它們會以令人無可抗拒的甜美風味，回報過程中的種種艱辛。於是，藍紫色的漿果甜香，苦巧克力的複雜深度，隱約透出的香料風味，乃至於需要費盡心力才能勉強維持的均衡酸度，甚至熟成後的甘草、桂圓、咖啡等等，構築出 Dogliani 及鄰近村落，許多仰賴多切托維生的生產者們所熟知的「小甜甜」迷人風情。

多年前初次造訪 Dogliani，Nicoletta 和村子裡其他許多優秀的生產者，就用酒齡十年以上的多切托，讓同行的國際媒體見識到此品種的陳年潛力，遠不只裝瓶上市就能甜美討喜的「小甜甜」；事隔多年再次造訪，卻碰到像 2014 的艱苦年份，酒農甚至可能損失近八成產量的嚴酷無情。早過了收成期，Nicoletta 廠內多數酒槽卻仍然空無一物。不過，她的 2013 年 Valdiba，嘗來卻青春鮮活，還有無比的愉悅和深度；遠超過一般品飲者能想像的 2001 年 San Fereolo，則在優雅柔順的同時，展現出成熟均衡和滋味豐富。也許是多切托的多元風貌；也許是我深知的 Nicoletta 奮鬥歷程；總覺得，多切托在甜潤和微苦互為表裡的風味中，其實是典型「快樂並痛苦著」的自虐狂專屬品種。幸好，被虐的僅只於生產者；對開瓶喝酒的人來說，多切托不只是「小甜甜」，甚至是臨老都能豐美溫柔的萬年甜姊兒。

註1：朗給（Langhe），是用來稱呼塔那洛河（Fiume Tanaro）以東、橫跨庫內歐（Cuneo）和阿斯堤（Asti）兩省，包含 Barolo、Barbaresco 等皮蒙最重要產區在內的那些幾乎全屬於山坡葡萄園的丘陵地區，自2014年起，和鄰近的羅艾歐（Roero）、蒙費拉托（Monferrato）一起以葡萄酒產地景觀被列入世界文化遺產。

註2：自然動力種植法（Biodynamic），由奧地利哲學家 Rudolf Steiner 在上世紀初所提倡，認為植物應該被視為單獨的生命體，葡萄種植為農事重點，則該著重在強化植物本身的生命力，以及和所處環境維持和諧關係。農法中還倡導相關農事應該按自然韻律依時施行，也用以動、植物成分製成的各種天然製劑來協助植物強化活力、抵禦外敵。這種如今已廣為接受的農法，在我看來就像是讓葡萄樹也在生活中依農民曆來進行重大決定，採取合乎時節的中醫養生和自然療法。

巴貝拉（**Barbera**）

　　三種都長在Piemonte的紅酒品種：內比歐露、巴貝拉和多切托，固然都有不算低的酸度，也都能有結實單寧，維持單一品種酒中的均衡和諧。但是如果硬要區分出其間差異，其實是內比歐露少顏色、巴貝拉少單寧、多切托少酸度，各有千秋。在Piemonte嚴峻的葡萄酒舞台上，如果多切托喝起來少酸甜美，卻是葡萄園裡性格難纏的表裡不一「小甜甜」；那麼，曾經同屬「庶民日常用酒」，和多切托一樣在當地人血液裡漫流的巴貝拉，就該是在兩面手法上不遑多讓，能在葡萄園裡人見人愛，喝起來卻總有酸度鮮明銳利的「小辣椒」。

Chionetti
Briccolero

🔧 皮蒙Dogliani地區
🍇 多切托（Dolcetto）
 Dogliani DOCG
🍷 ‼️～‼️‼️
💲 $$
🍎 🍎🍎～🍎🍎🍎

San Fereolo
Valdibà

🔧 皮蒙Dogliani地區
🍇 多切托（Dolcetto）
 Dogliani DOCG
🍷 ‼️～‼️‼️
💲 $$
🍎 🍎🍎～🍎🍎🍎

年近九旬的Quinto Chionetti老先生，現在還像許多同齡的葡萄農那樣，一天都離不開葡萄園。身為村裡的代表歷史酒廠，老先生見過多少大風大浪後的結論是，自家位居山頂的葡萄園沒啥改變，但是現代人的口味卻和過去大不相同了。幸好家傳的Briccolero葡萄園，一直持續地以風味濃郁的果實，讓酒能在深厚飽滿的甜熟果香外，還有甘草後味和新鮮酸度保持優雅均衡。

儘管在酒廠的多款多切托當中被定位為立即享受（而非長期陳年），這款以較年輕樹齡果實釀成的多切托，仍有濃郁飽滿的鮮潤藍色漿果，伴隨隱約的香料、巧克力風味。飽滿潤澤的香氣口感，年輕卻不淡薄，活潑又保有厚實度，精準地展現出預設定位的輕巧迷人。

　　酒色可以深濃，即便完全成熟依然有明顯酸度的巴貝拉，單寧卻相對顯得平順許多。巴貝拉雖然是義大利前幾大種植最廣的紅酒品種，但一離開Piemonte，就像被按下「靜音」鍵，多半只在紅酒調配裡，擔任增色添酸的無言配角。當然，曾經和多切托一樣，只用來填補葡萄園空隙，隨便做些自己家裡喝的酒，是早年讓巴貝拉味淡輕薄，不受重視的主因。或許因為巴貝拉在Piemonte沒有最悠久的歷史源流，甚至找不出土生土長的確切證據，這個出身背景至今還是謎的

品種，是以既不埋怨、也不挑剔，不只到哪兒都好生好長，連對產量高低、酒款風格，都能全憑生產者擺布，也才在農家備受歡迎。

據說，巴貝拉的酸度之高，能讓未經乳酸發酵的酒，喝起來就像檸檬汁；然而，Piemonte在上世紀末經歷的種種釀造革命，早讓今天的巴貝拉脫去以往高酸淡薄的寒磣土氣，部分頂尖的巴貝拉，不只有嚴格控管產量造就的濃郁酒質，還能在經適切木桶培養後，在綿長明亮的酸度外，有柔和單寧構成飽滿結構。這些以往早早上市的「日常酒」，如今則是一上市已有紅、黑漿果的甜熟香氣，伴隨香料、灌木植物的複雜風味；過去橫掃小餐室的廉價酒，現在不只有高昂的酒價，甚至能堂而皇之登上大餐廳，有相當的陳年潛力。

這些一改過去「農家酒」形象的新世代巴貝拉，除了在傳說中的發源地（儘管證據不足）——阿斯堤（Asti）扮演要角；甚至在最佳葡萄園位置往往保留給晚熟的內比歐露、以生產雙B為主的阿爾巴（Alba），都能有濃郁豐厚，不同於Asti的細瘦輕柔。整體來說，巴貝拉因為特色的水潤酸度和少單寧的柔和質地，是Piemonte諸多「男性」品種中，唯一被以「女性」冠詞（la，其他像內比歐露、多切托則都是以男性冠詞il）稱呼的紅酒品種。嗜酸的我，尤其對Barbera d'Asti的輪廓分明特別中意，不過念頭一轉，San Fereolo酒廠的陳年巴貝拉所留下的「女強人」結實印象，也還在心上揮之不去。或許正是這能屈能伸，能優柔也能堅毅的彈性多變女性特質，才讓巴貝拉叫人魂牽夢縈。

Vietti
Barbera d'Asti La Crena

🍇 皮蒙Asti地區
🍷 巴貝拉（Barbera）
🏷 Barbera d' Asti DOCG

🍷 ‼️‼️~‼️‼️‼️
💲 $$$
🍎 ❀❀❀~❀❀❀❀❀

儘管Vietti早就靠著飽滿明亮、果味豐濃的摩登風格，為自己在國際間贏來皮蒙全方位名廠的盛名，但在眾多酒款中，卻是這款葡萄園位置絕佳、更有種植於1930年代老樹釀成的巴貝拉，最讓人印象深刻。酒款的結構絕佳、輪廓分明，既有偏男性的飽滿風格，又不失女性的優雅柔和。特別是對一家「不想將風格強加於酒身上」的酒廠而言，Vietti的酒確實能令人感受到年份特性，比方2010年酒款，就特別優雅動人。

阿爾內斯（**Arneis**）＆科爾泰斯（**Cortese**）

在能產出紅酒王、后——Barolo和Barbaresco的Piemonte地區中，白酒面臨的正是不巧身為名人姊妹或兄弟的悲慘命運。得不到關愛的眼神，永遠是襯底的背景，更別提這些多山地區，往往在飲食習慣上都以山產而非海產為主。就連價格遠比不上內比歐露的紅酒品種如多切托、巴貝拉，至少還廣受當地人愛戴；但是說到Piemonte的白酒品種，就連要找出個堪稱代表的都不容易（能又香又甜的蜜思嘉Moscato品種，當然是迷人可愛的例外，容後再表）。從另一角度看，這些當地白酒，不是能登上「死前必飲義大利白酒」的名酒，但是正因為鮮為人知，沒人管也不受限，反而激發出創新，潛力無限。雖然這些白酒多在上世紀末才開始略成氣候，但難保這些今天不被追捧的Piemonte白酒，不會是下一位明日之星。

阿爾內斯（Arneis）葡萄的成功，已經有點這種意思。這是過去曾在葡萄園裡往往和紅品種一起混種的「白內比歐露」。因為甜美少酸到可直接食用，在酒廠裡能用在Barolo或巴貝拉調配中以降低酸度；在葡萄園裡更能供野鳥大啖，捨身保留價值更高的紅酒品種。不過即便如此多功，Arneis仍在1970年代曾一度瀕臨滅種，幸好有少數生產者（例如Vietti、Bruno Giacosa以及Roero產區的Negro等）的努力，才得以延命。

進入1980年代後，國際市場上因為Piemonte紅酒的盛名，連帶地開始對當地白酒也產生興趣。擅於掌握市場風向的Ceretto酒廠，用釀酒技術和行銷手法，創造出以Arneis釀成的Blangé白酒——誰知道，這款酒居然大受歡迎（特別在義大利國內酒吧），還成了酒廠旗下產量最大的酒。從此，Arneis這個能集杏仁、麥桿、白花、梨子等細微香氣於一身，在酸度偏低之外還能有滑潤質地的品種，才從曾經的「瀕臨絕種」，搖身一變成為生產者搶進的流行品種。特別在Arneis大本營的羅艾歐（Roero）村附近，由Giovanni Negro領導的家族酒廠Negro，不只早在1970年代就將這過去只用來作甜酒的葡萄，也嘗試做成不甜白酒，如今Negro更有數目繁多的Arneis，囊括甜酒、氣泡酒、不甜白酒等各種類型。

光是不甜白酒，Negro皆以不同樹齡、個別單一葡萄園果實，搭配各種工法，試圖挖掘出Arneis的最大潛力。人稱「Arneis先生」的Giovanni說，Arneis不只需要日照充足的葡萄園，還得特別費心照顧

品種轉瞬即逝的酸度。由於最適的採收期相當短，前一天還沒熟的
Arneis葡萄，很可能再過兩天，已經完全失去酸度。由於保持酸度對
維持Arneis的均衡至關重要，因此Negro旗下名為Perdaudin的Arneis品
種酒款，就為了保持酸度，往往必須刻意分成三次採收。對我而言，
Arneis可以清爽也能潤澤豐盈，能在酒吧裡單喝，也有佐餐彈性。透
過Negro經長期培養的酒款，更打破品種只有短命，非得搶鮮的迷思
（當然，這仍是少數的例外）；Negro在風乾甜酒中展現的杏桃、杏
仁，還帶著些許麥桿的風味，則是讓人彷彿穿越時光隧道，見識到
Piemonte古老美好的地方傳統。但是如果考慮到一年常夏的海島生
活，另一種用科爾泰斯（Cortese）葡萄釀成的嘎比（Gavi）白酒，或
許更適合在本地，搭海鮮隨時來上幾瓶。

　　就像巴貝拉有多酸，對照多切托的十足甜美；用來釀Gavi的
Cortese葡萄，也在成熟後仍有明顯酸度，能和溫潤少酸的Arneis互
為反對。這種位於Piemonte東南部產區、因主要村落Gavi得名的白
酒（也可釀成氣泡酒），事實上是比Arneis更早，在1960與1970年代

就嘗到走紅滋味的北義「名酒」。因為產區緊鄰南部的利古利亞（Liguria）區，歷史上更曾是Liguria的一部分，於是，將酸度清爽、香氣細膩的Cortese，做成爽口多酸的白酒，往南銷到Liguria搭配當地豐盛的海產，自然成了品種的理想出路。可惜的是，一夜成名的白酒，很快因為有太多生產者加入，太多劣質酒氾濫，又被幾乎打入冷宮。幸好如今的Gavi沒受到太多矚目——這使得進入新世紀後，普遍更細膩的種植管理，更進步的生產技術，讓這種香氣細膩又有清爽酸味的葡萄，不只能在用心經營的生產者手裡，展現檸檬、柑橘，伴隨草本植物，甚至透出礦物質風味的迷人本性，同時也像Arneis，能超越以往必須「即時搶鮮」、趁早飲用的宿命，出現更多陳年的可能。希望逐漸贏來第二春的Gavi，這次可以不再重蹈覆轍，不只是紅酒重鎮一時的短命流行。

Negro (Angelo & Figli)
Sette Anni Roero Arneis

🖊 皮蒙Roero地區
🍇 阿爾內斯（Arneis）
🏷 Roero Arneis DOCG

🍷 ❕❕❕～❕❕❕❕
Ⓢ $$$
🕓 ❀❀❀～❀❀❀❀

這款酒廠只在最好年份推出的酒，是以樹齡超過三十五年的老樹果實，經鋼槽釀造、六個月攪桶，再經七年瓶中培養才上市，因此有了意為「七年Sette Anni」的酒名。我所品嘗到的2007年份，高齡果實的濃縮風味，儘管經過長期瓶中培養，仍全無衰老，反而有豐潤飽滿質地，梨子、杏桃等濃厚果香，以均衡口感透出真摯樸實。

La Raia
Gavi Pisé

🖊 皮蒙Alessandria地區
🍇 科爾泰斯（Cortese）
🏷 Gavi DOCG

🍷 ❕❕～❕❕❕
Ⓢ $$$
🕓 ❀❀～❀❀❀

不是所有人都能是千萬富翁，但是想喝千萬富翁喝的酒，就簡單多了。在2003年買下La Raia酒廠的Giorgio Rossi Cairo，就是近年才投下千萬歐元買進地區葡萄園的大亨。十多年前買下的La Raia，則在轉型為自然動力種植法後，以清新明亮、帶有風土特色的酒款備受矚目。這款以酒廠超過七十歲老樹果實釀成的單一園酒，不只有水果和礦物質風味陪襯鮮活酒質和酸度，還因長達一年的酒渣接觸，使酒款具備豐富表現和長命潛力。

內比歐露（**Nebbiolo**）

這是用來釀製義大利紅酒王、后——雙B（Barolo、Barbaresco）的葡萄品種，也是義大利歷史最悠久原生品種之一，甚至是普遍公認最偉大的那個。內比歐露的「偉大」，在於不只能有高酸、高單寧，以及飽滿的酒精和萃取，還能有複雜深厚、幽微細膩的香氣口感，兼具無比的陳年實力。此外，敏感地反映風土、展示地塊差異帶來的種種不同，也是內比歐露為人稱道的才華之一。所有內比歐露的愛好者，除了比較雙B的一村一落，相近或相異的葡萄園以外，將觸角延伸至雙B以外，也就成了愛好者必將展開的發現之旅。

比方曾經差點和Barbaresco村一起被劃入Barolo產區的Roero，在地圖上和Barbaresco相距不過咫尺，一旦將地圖換成地質圖，被標示為不同顏色的區塊，能讓人一眼認出臨接區域相異的土壤結構。雖然內比歐露在義大利只現蹤於西北部的Piemonte，緊鄰左右的奧斯塔谷（Valle d'Aosta）和Lombardia（在離島的薩丁尼亞，雖然因為曾隸屬於Piemonte的歷史背景，也仍有小量內比歐露，不過當地的內比歐露不但喝起來和北方的相去甚遠，有些甚至在經DNA檢驗後被發現其實是多切托），但是在這不算廣的範圍裡，內比歐露不只在適應不同環境的過程中發展出許多亞種，這些往往跟著不同別名的內比歐露，更能因為小產區的風土差異而喝起來相當不同。

例如在Roero以生產Arneis品種聞名的Negro酒廠，主人Giovanni就指出，當地比Langhe略偏北的立地位置，含更多砂質的土壤結構，更涼爽的微氣候差異，都是讓內比歐露在Roero能特別輕巧迷人的原

因。的確，在Negro的幾款內比歐露裡，儘管很少有足以比擬Barolo與Barbaresco的飽滿結構或陳年實力，但是酒中都有更輕盈的花果芳香，更小巧多汁的鮮潤口感，讓這些不若雙B般濃郁厚重的內比歐露，全帶著玫瑰花香

經營葡萄酒顧問公司的
Alberto Cugnetto（右）
和弟弟Emilio，致力於
保存Piemonte西北部，
「瀕臨絕種」的Carema
產區傳統葡萄園。

和酸櫻桃口感，正是輕靈活潑，開瓶就讓人在餐桌上一杯接一杯的可愛類型。

此外，由於Roero不像Barolo、Barbaresco那樣享有國際高知名度，因此還保有許多舊時的農業傳統：比方在Negro酒廠，餐桌上的東西，幾乎沒有例外全出於自家農園；葡萄園旁仍有茂密的森林環繞；連初次見面的陌生人，在幾杯酒的時間裡，就答應為我導覽世上最神祕的內比歐露產區。幸運之神為我帶來的是在國際葡萄酒企業擔任酒質管理經理，同時也經營葡萄酒顧問公司的Alberto Cugnetto。但是他和弟弟Emilio的熱情，顯然有很大一部分，在於保存Piemonte西北部，「瀕臨絕種」的卡雷瑪（Carema）產區的傳統葡萄園。於是在幾天後某個雲霧瀰漫還飄著秋雨的早晨，我依約來到緊鄰Valle d'Aosta的依弗西亞（Ivrea）小鎮。事實上，對許多內比歐露的終極愛好者來說，Barolo和Barbaresco這些產自Piemonte南部的顛峰之作，固然是認識偉大品種必經的第一道關隘。然而一旦跨入內比歐露境地，來自Piemonte北部許多出自更嚴苛生長環境的內比歐露，反而因為被千錘百鍊出的柔美纖細，成為備受追捧的稀有珍品。

比方在幾個北部產區裡，葛提那拉（Gattinara）和鄰近的蓋美（Ghemme）等，就都在近年備受矚目。事實上，Gattinara不只在過去曾和雙B齊名，在當地被稱作Spanna的內比歐露，還因為更寒冷的微氣候，更冷硬的花崗岩土壤，讓葡萄更難成熟，甚至因地制宜出更長的法定培養時間，必須調配少量的其他品種（不同於雙B的百分百內比歐露），才能讓北部這些酸度更高，單寧可能更冷硬結實，甚至伴隨更明顯礦物質風味的內比歐露，能在經更長期培養後，才終於適合飲用。然而，正是這些在年輕時可能顯得更艱澀難以親近的性質，讓Gattinara這些區域的酒，能在十數年到數十年的緩慢發展之後，以老酒的絕佳表現，也贏來「偉大內比歐露」的名聲。

儘管品嘗這些北部產區的成熟內比歐露，我的經驗還相當有限，然而正是勾起我好奇心的少數體驗，把我帶到在Piemonte近六十個法定產區裡，產量最小的Carema。內比歐露在Carema酒裡能表現出的高雅多香、細膩幽微，往往需要經驗、運氣，還得全神貫注才能體會；

但是以葡萄酒產區而言，Carema的特出，卻是在雲霧繚繞，還下著綿綿細雨的天氣裡，都能讓人驚心動魄。才不過十多分鐘車程，Alberto已經讓我見識到令人瞠目結舌，自慚形穢的人定勝天奇景。隱身在雲霧間的陡峭絕壁上，有著沿壁鑿出的狹隘梯田，在梯田之間，還羅列著一根根比人還高，以石塊堆起的龐然立柱。從遠處看，就像是有火柴棒拼成的石柱軌道，地毯似地，成排、成批覆蓋在海拔三百到六百公尺的整片絕壁上。這種在當地已經至少流傳五百年的傳統種植方式，卻在今日，仍然讓陡峭山坡上的葡萄園「漫步」，走來不只讓人提心吊膽，甚至得不時手腳並用。在這些單是行走已經讓人氣喘吁吁的葡萄園裡，要進行各種繁重的農事，更是要訓練有素的攀岩高手，才可能勝任的葡萄園版「不可能任務」。

　　Alberto把眼前宛若水墨畫的景致，戲稱為「義大利馬丘比丘」（Machu Picchu），他感嘆表示，當地這些傳統葡萄園，也曾是區內重要的經濟支柱，但是隨著葡萄農的老去，年輕人的外移，這些比別處葡萄園要耗費近十倍時間和精力才能勉強照顧的絕景，卻活生生在他眼前逐漸凋零。曾經上百公頃的葡萄園，如今只有約一成的十多公頃仍然在持續耕作。對生性晚熟的內比歐露來說，當地已經幾乎是生

被Alberto戲稱為義大利馬丘比丘的Carema產區傳統葡萄園。在沿壁鑿出的狹隘梯田間，還羅列著比人還高，以石塊堆起的龐然立柱。

長極限，然而靠著聳立的石柱幫忙，葡萄能抵禦春、冬襲來的強風；還因為石柱能吸收、保存日照，有助葡萄成熟；甚至在架高的葡萄樹下，還能給其他作物留有生長空間。這些在當地受冰河侵蝕形成的土壤上，被周圍的阿爾卑斯山幾乎逼到極限的內比歐露葡萄（在當地毫不意外有別名Picotener），不只比其他北部產區有更多酸度和纖柔酒體，還有最細緻高雅的迷人香氣，和深不見底的陳年潛力，讓產量珍稀的Carema，成為許多內比歐露狂熱者爭相追逐的「罕見珍品」。在我曾嘗過年近四十的Carema酒款中，仍有極其優雅的質地，細緻多變的香氣，印證Carema在幾世紀前也曾有過的顯赫聲名。

然而，眼前的葡萄園景致，確實讓人感到儼然Carema香氣的如夢似幻。靠著一股年輕人的傻勁，就想用自己微薄的力量挽救瀕臨絕種Carema葡萄酒的兩兄弟，在過程中還曾因為兩人的外地出身，非傳統葡萄農家背景，引來山區農民的百般質疑。不過，兄弟倆仍然在實驗性地產酒，一點沒有退卻的意思。因為只要面對這片奇景，任誰都能體會，為什麼會有人想竭盡心力、排除萬難，在如此嚴酷的自然環境裡，仍然試圖去維持Carema中內比歐露的如夢似幻。相較於Carema的空靈縹緲，幾天之後在往東兩百多公里，隸屬Lombardia大區，隔著邊境就是瑞士的松德里奧（Sondrio），我雖然再次目睹了建於絕壁上的內比歐露梯田葡萄園，然而這裡的一切，透露出的又是迥然不同的結實厚重。

歷史酒廠Nino Negri的資深釀酒師Casimiro Maule。

事實上，以Sondrio為中心，自古以來被稱為瓦特里納（Valtellina）的河谷區域（也是產區名），其實是全義大利位置最北的紅酒產區。想在最北的產區，種植最晚熟的紅酒品種，乍聽幾乎是在痴人說夢。然而，Valtellina卻只是義大利充滿矛盾的眾多葡萄酒產區之一。當地的山坡高度和Carema相去不遠，冰河土壤也隸屬同一起源，葡萄園卻全位於緊鄰河流又坐北朝南的理想方位，附近還有能帶來暖風的湖泊，梯田更像是大自然建成的太陽能板。於是，這些種在義大利最北端的內比歐露（當地的別名為Chiavennasca），雖然也得應付阿爾卑斯山區的冬季嚴寒，但在夏季卻能有酷熱超過40度，日照強度甚至能和西西里島相去不遠。這使得當地雖然也有用風乾葡萄增添風味和

Nino Negri酒廠近年將不少費時費力又高危險的葡萄搬運工作，改以直升機吊掛執行。

濃縮度的歷史傳統；實際上，只要是出自區內能標示名稱的特定優質葡萄園，即便是未經風乾的內比歐露，都能有茶葉，煙草等溫暖香氣，伴隨豐腴細膩質地，足以和Barolo一較高下。

比方區內建於1897的歷史酒廠Nino Negri，最著名的就是只在最好年份，用最優質葡萄經風乾釀成的不甜風乾紅酒：5 Stelle。這種用內比歐露釀成的Lombardia版「Amarone」（當地名稱是Sforsato di Valtellina，Sforsato意為強化），照老牌釀酒師——1970年代釀酒學校一畢業就被延攬的Casimiro Maule的說法，是因為希望讓長在極北地的內比歐露，也有足以在木桶發酵的強度和結構，才流傳至今的Valtellina傳統。這些收成後還經三個月到百日風乾期的內比歐露，不只能表現出年份在風乾期的氣候差異，還能隨所處階段不同，在豐腴口感和絲滑質地外，表現從新鮮水果到菇蕈、煙草等多元複雜的香氣。即便是年輕時往往容易因高酸和單寧顯得張牙舞爪，桀敖不馴的內比歐露，一旦被做成Sforsato，都像是給除了虎牙的老虎，轉身就成了溫順甜美的小花貓。

當然，要讓長在極北峭壁的內比歐露乖乖聽話當然不容易，在這段自古就是阿爾卑斯山交通要道的區域，不只葡萄園所處的山壁陡峭傾斜，主要由砂質和片岩構成的土壤更讓土石鬆動屢見不鮮。比方在當地名為「Inferno」，意為地獄的葡萄園名，就不只是因為該園的夏季溫度可以高達攝氏43度，讓進行農作的農夫體驗到儼然在地獄般的辛苦才得名；陡峭的斜坡更讓收成和搬運葡萄總像是在搏命，Nino Negri近年甚至因此將部分費時費力又高危險的葡萄搬運工作，改以吊掛直升機執行。

由此可見，在這些自然環境特別嚴酷的產區做酒，背後擁有居高不下的人力成本。尤其自1970年代起， Valtellina還因為失去了瑞士這主要出口市場，使得谷地品質一般的葡萄園全得改種蘋果，歷經好長一段產量和產區都大幅萎縮的低潮期。幸好隨著進入新世紀，當地也迎來了更多野心勃勃，試圖重新擦亮Valtellina名聲的小型生產者；就像Carema的Alberto那樣，都希望能留下些什麼。最後，在內比歐露旅程的終點，我才突然發現：或許內比歐露的偉大，其實在於這些酒如何改變了一些生產者，激發出他們心裡願意為了內比歐露而偉大的那一面。

AR.PE.PE.
Rosso di Valtellina

🍇 倫巴第亞Valtellina地區
🍷 內比歐露（Nebbiolo）
🆔 Rosso di Valtellina DOC
🍷 ‼️‼️～‼️‼️‼️
💲 $$～$$$
🍎 🍎🍎🍎～🍎🍎🍎🍎

儘管Valtellina區內約四十家生產者中，有一半以上都是本世紀才加入的中小型生產者，但是由Pelizzatti家族建於1984年的Ar.Pe.Pe.，卻是早在十九世紀已經扎根當地、傳承五代葡萄農。今天的Ar.Pe.Pe.，更將盡可能以傳統、自然方式釀成的酒，按年份和類型不同經四到八年培養才上市，除了經較長培養的Riserva酒款早在國際上廣獲好評，最基本的入門款都有清晰輪廓和豐富內涵，成為體會產區風格的絕佳範例。

Nino Negri
Valtellina Superiore Riserva

🍇 倫巴第亞Valtellina地區
🍷 內比歐露（Nebbiolo）
🆔 Valtellina Superiore Riserva DOCG
🍷 ‼️‼️～‼️‼️‼️
💲 $$～$$$
🍎 🍎🍎🍎～🍎🍎🍎🍎

儘管以風乾葡萄釀成的 5 Stelle，才是Nino Negri最為人稱道的旗艦酒款，但是這款同樣在最佳年份才混和不同葡萄園收成生產的Riserva，卻以至少四年的培養期，將健康狀態絕佳的低產量內比歐露，打磨得單寧細膩柔美，口感均衡綿延；複雜的香氣優雅多層，十足展現出內比歐露在Valtellina豐盈唯美的一面。

Antoniolo
Gattinara

🍇 皮蒙Vercelli地區
🍷 內比歐羅（Nebbiolo）
🆔 Gattinara DOCG
🍷 ‼️‼️～‼️‼️
💲 $$$
🍎 🍎🍎🍎～🍎🍎🍎🍎

比雙B更北的立地條件、更靠近阿爾卑斯的涼爽氣候和些微的土壤質地差異，這些產自皮蒙北部的內比歐露，因此能有更細巧堅實的結構，還往往在香氣及口感上，展示出介於雙B的宏大遼闊和羅艾歐（Roero）的可愛迷人之間的高雅度人，區內代表生產者Antoniolo的這款酒，尤其表現出我心目中理想的內比歐露。

Chapter

8

東北部

文明的山區葡萄酒 II
Trentino-Alto Adige & Friuli-Venezia Giulia

特連提諾—阿爾圖阿第杰（Trentino-Alto Adige）、弗里烏利—維內奇亞朱利亞（Friuli-Venezia Giulia），雖然這不是繞口令，但這兩個大區的名稱，遠比繞口令更拗口。兩個在地圖上不相連的大區，中間還夾了個產量龐大、種類豐富，單靠氣泡酒Prosecco和紅酒Amarone已經讓人如雷貫耳的葡萄酒大湖——唯內多（Veneto）。實際上，能更深刻地形塑義大利東北葡萄酒印象的，恐怕還是盤據在角落、民情風俗都不那麼義大利的兩個邊陲地區。

兩個彷彿知道過長名稱容易讓人舌頭打結的地方，就這麼湊巧，偏偏都能各自再拆解成兩個區域。Trentino-Alto Adige這個位居義大利最北的區，又能從約略中間位置，分成北部屬於德語圈的阿爾圖阿第杰（Alto Adige），和南部屬於義大利語圈的特連提諾（Trentino）；兩個區的南轅北轍程度，甚至讓許多義大利葡萄酒書，乾脆將兩區分為獨立的兩個章節。Friuli-Venezia Giulia則是能分為區內主要區塊的

弗里烏利（Friuli），以及東緣在歷史上曾被稱為維內奇亞朱利亞（Venezia Giulia）的較小區塊，雖然作為葡萄酒產區，Friuli-Venezia Giulia更常被視為單一區域。

這些隔著國界鄰接瑞士、奧地利、斯洛維尼亞的區域，儘管都有屬於阿爾卑斯山系的高峰在北邊橫亙，隨著山勢從Alto Adige的陡峭高聳逐漸往東收斂，這些寒冷山區卻能再細分出的不同區塊，因為受湖泊、海洋的影響，意外擁有半地中海型的溫暖氣候。比方在Trentino以南，雖然遠眺就是阿爾卑斯的高聳山壁，同時卻有來自加爾達湖（Lago di Garda）的影響，讓絲柏和橄欖樹等地中海作物，甚至晚熟的紅酒品種如卡本內蘇維濃都得以現蹤。在Friuli-Venezia Giulia南部，也因

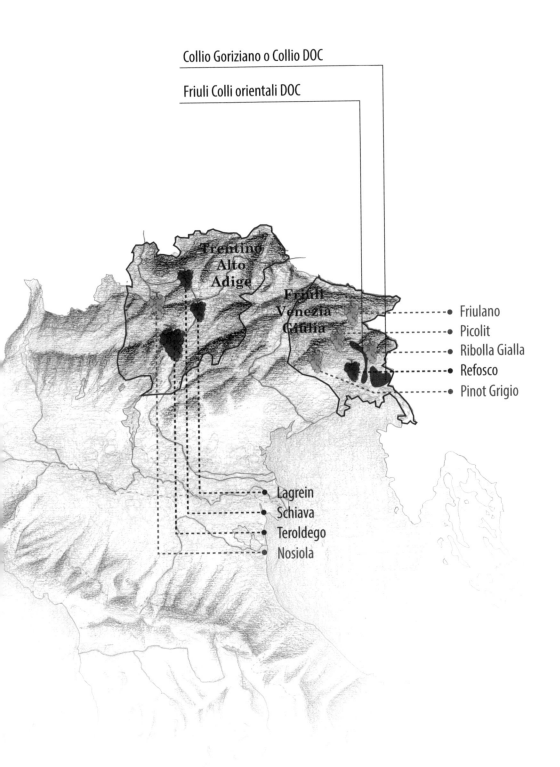

東北部主要品種&產區分布示意圖

Collio Goriziano o Collio DOC

Friuli Colli orientali DOC

Trentino
Alto
Adige

Friuli
Venezia
Giulia

- Friulano
- Picolit
- Ribolla Gialla
- Refosco
- Pinot Grigio

- Lagrein
- Schiava
- Teroldego
- Nosiola

為亞得里亞海的影響，有讓紅酒品種如梅洛完全成熟的明媚和煦氣候。

甚至連葡萄品種，都不只有許多鮮為人知、難唸難記的當地品種，還因為地理上處於國境交界，歷史上長期受他族統治，湧入許多他處也常見的國際品種。儘管在當地人心中，這些品種在經過不算短的「義大利」洗禮之後，早該毫無疑問，是帶有義大利調調的「另類」當地品種。在這些以白酒享有盛名的區域，實際上卻不只曾是紅酒的傳統產區，還在今日持續產出或清爽或結實的優質紅酒。這些乍看是山區，卻又不那麼山區；既屬於義大利，又在很多方面非常不義大利的區塊；作為山區葡萄酒，或許不若西北省份那樣，有百分之百的純正血統；但是作為義大利葡萄酒的一環，這些產區和酒卻以多元特質，再次印證義大利無處不複雜多元，無處能一言以概之的特性。

斯奇亞瓦（Schiava）＆拉格萊因（Lagrein）

如果說南義最讓人難忘的是鮮豔的色彩、人們的熱情，和不受限的紊亂，那麼在Trentino-Alto Adige最讓人難忘的，大概要屬從任一個角度，都能讓人感到壯闊雄偉，且以自身宏大讓人感覺渺小的阿爾卑斯。某個晴朗的十月天，就在過了轉乘的波扎諾（Bolzano）車

站後，車窗外周圍突然出現了截然不同的一切。先前谷地裡像是掛滿
吊飾的聖誕樹般成群結隊、垂墜著鮮紅果子的滿坑滿谷蘋果樹，突然
成了尖端還見得到積雪，高處不時有葡萄園點綴的陡峭山壁。連不很
寬闊的支線火車車廂，都多了點義大利罕見的條理和秩序：嶄新的座
椅，無可挑剔的潔淨，車內甚至出現我在義大利數月火車行旅來的首
次發現——能清楚標示站名，連時間顯示都分秒不差的電子看板。這
裡和其他「義大利」的不同，像三色旗上的紅和綠，即便中間沒有白
色間隔，都如此顯而易見。

　　的確，Bolzano所屬的Alto Adige地區，是連火車站名、葡萄酒酒
標，都在義大利文外還同時標示德語的德語圈（酒標上還很「非義大
利式地」標出葡萄品種）。當地不只在地理環境上，有動輒三、四千
公尺的阿爾卑斯高峰在周圍環繞；在歷史上，直到義大利成為統一國
家的1861年，都還是歸鄰居奧匈帝國的屬地。當地居民中不只有更
多以德語為母語，這些Alto Adige居民在義大利人眼中更是：「不知
變通」，比「德國人更德國人」（兩者在義大利的負面意義應該更
重）。於是，當地確實在風俗民情各方面，都流露出濃郁的德奧氣
質，比方熱衷於參組釀酒合作社，偏偏區內合作社酒廠還都普遍有難
得的高品質：比方歷史最悠久的合作社酒廠Cantina Terlano，就是素
來廣受好評的酒廠之一。

才出了同名小鎮的Terlano火車站，我像是置身在卡通「阿爾卑斯少女——小天使」的夢幻場景。整齊的道路、稀落的人群，在直逼眼前的阿爾卑斯山壁看照下，我按著簡易的地圖，摸索到Cantina Terlano。過去長期屬於奧匈帝國的歷史，使得當地在葡萄酒生產上，一直以紅酒為主。比方能釀出輕巧可愛紅酒的歷史品種斯奇亞瓦（Schiava），就是自古羅馬時代已頗有名氣，中世紀更被廣泛記載的品種。色澤輕淺、口感淡雅，香氣裡還帶著草莓和紫羅蘭香，喝起來不覺單寧卻有爽口酸度的Schiava紅酒，不只讓我一嘗鍾情，甚至希望餐桌上能天天有這種酒來配炸排骨或烤魚。

在1893年創立的Terlano酒廠（當時本地還不屬於義大利領土，直至1919年才成為義大利），卻在創立之初選擇以釀製白酒為主。他們不只「引進」德、法的產酒方式，也在日後率先用豐醇濃郁，富有礦物質風味和陳年潛力的白酒，帶領Alto Adige成為義大利最具代表性的白酒產地之一。

曾經蔚為主流的紅酒，則在二十一世紀掀起的原生品種熱潮下，才又成為逐漸受矚目的最新流行。在新世紀讓本區成名的紅酒，甚至並非歷史更悠久、名氣更大的淡味可口Schiava，而是風格更濃郁厚實的拉格萊因（Lagrein）。照酒廠行銷總監Klaus Gasser的說法，Bolzano幾乎位於大陸型和地中海型氣候交界，因此所在的北緯46度

位置，以義大利來看固然地處極北，每到夏季，卻有比擬西西里首府巴勒摩（Palermo）的攝氏30度高溫，使得Bolzano成為全義夏季最炎熱城市的榜上常客。當地葡萄園海拔能從兩百五十到九百公尺，又都屬於日照最充分的南向葡萄園，這些或屬火山岩或冰河堆積土的富含礦物質土壤，遂成了數目眾多的紅白品種都能如魚得水的葡萄樂園。

Klaus甚至驕傲地表示，儘管Lagrein是個嬌貴不易種植，產量也不高的品種，酒廠卻堅信，在當地扎根至少千年的這個品種，其實有遠超過眾人期待（至少十年以上）的陳年潛力。的確，經DNA鑑定確認為Trentino-Alto Adige另一個重要紅酒品種：泰洛得果（Teroldego）後代（而Teroldego又被

確認為黑皮諾後代,這使得Lagrein成為黑皮諾的遙遠孫輩品種)的 Lagrein,不只在先天血統上有名種加持,就連在後天發展上,Lagrein 都是曾在十一世紀由官方指定收成時間;在十四世紀被明文規定必須 留給皇室貴族飲用的珍貴品種。Lagrein豐富的花青素含量,讓酒能有 義大利紅酒品種中數一數二的深濃酒色,伴隨的飽滿結構和單寧,更 足以成為卡本內或梅洛的替代品。於是,Terlano特別將通常種在較低 海拔的Lagrein,刻意不經太多雕琢,選擇保留更多單寧,希望藉此增 加品種的陳年潛力。在如今的釀酒技巧和橡木桶的巧妙裝扮下,充滿 甜熟果香和結實單寧的Lagrein嘗起來,至少會讓人慶幸,自己是生在 人人都能品嘗Lagrein的時代。

Cantina Nals Margreid
Galea

🔪 阿爾圖阿第杰Nalles地區
🍇 斯奇亞瓦(Schiava)
🅳🅾🅲 Alto Adige DOC
🍷 🍷🍷🍷
🄢 $$
🄜 🍎🍎～🍎🍎🍎

儘管是1985年才成立的釀酒合作社,這家如 今有百位以上的生產者齊心協力的酒廠,在 這款Schiava中,靠著部分歲數達百歲的高齡 葡萄樹,精準地讓酒呈現出迷人的莓果芳 香、爽口酸度,輕巧卻仍令人回味的宜人口 感,不只充分展現品種性格,還是搭配本地 各種菜色的絕佳佐餐選擇。

Cantina Terlano
Porphyr Riserva

🔪 阿爾圖阿第杰Terlano地區
🍇 拉格萊因(Lagrein)
🅳🅾🅲 Alto Adige DOC
🍷 🍷🍷🍷～🍷🍷🍷🍷🍷
🄢 $$
🄜 🍎🍎🍎～🍎🍎🍎🍎🍎

由來自三個不同的葡萄園、樹齡最高達百年 的老樹果實釀成的這款Lagrein,帶著深濃的 紫紅酒色,還充滿藍黑色漿果、紫羅蘭等的 花果甜香。些許甘草、咖啡、巧克力等的濃 郁香氣,和口中濃縮飽滿的果實風味及柔和 單寧相互呼應,甜美中又保有絕佳酸度的均 衡口感,還伴隨綿延後味。

諾茲右拉（Nosiola）、曼宗尼（Manzoni）與泰洛得果（Teroldego）

　　這些顏色深濃，逼近紫黑色的酒液，迸發出的是紅、黑、紫色漿果的種種鮮潤甜熟，一入口，不只偶爾飄散出花果香和礦石，還有極其細密緊緻的單寧、酸度，流動的液體竟然堅牢儼然金屬，又同時柔美精細。這些嘗來像是用緊密織法不厭其煩地密織出層次分明的，是被譽為「Teroldego女士」的Elisabetta Foradori作品。在1980年代，Elisabetta十九歲才剛從釀酒學校畢業，就替寡母撐起家族酒廠，讓Teroldego這歷史悠久的義大利原生品種，從沒沒無聞再次成為今日Trentino最不容忽視的紅酒品種。

　　事實上，在Foradori的酒款中，不只是出身高貴的紅酒品種Teroldego，能有迷人風味、堅毅性格和豐沛活力。連曾經只是食用葡萄，很少被拿來單獨釀酒的白品種諾茲右拉（Nosiola）；或者1930年代才用麗絲玲和白皮諾（也有一說指夏多內）人工交配，在風味口感和品質上都被認為神似麗絲玲的曼宗尼（Manzoni）——這些在其他人手上，或許不一定能成氣候的「普通」品種，卻被Elisabetta挖出潛力，嘗來有豐富香氣口感、緊緻質地，以及隱而未顯的陳年潛力。只不過，如今一派安詳澄明、信心十足的Elisabetta，以及她的Teroldego，都並非一蹴可及。1985年接下家傳酒廠的她，早在三十年前已經將心思放在十五世紀已經現身Trentino的Teroldego身上。雖然從DNA遺傳角度來看，血統高貴黑皮諾孫輩品種之一的Teroldego（Teroldego的輩份算起來不只是希哈的叔伯阿姨，更是Lagrein的父母之一），不大可能表現泛泛，不過當年的Teroldego，確實還是個被眾人棄之如敝屣的紅酒品種。

　　儘管史料曾有記載，Teroldego在十八、十九世紀風靡歐洲皇室，傳說當時的酒價高昂直比黃金。但就像其他許多被誤會、濫用的義大利品種，在Elisabetta接掌家業時，Teroldego也因錯誤的剪枝和生產方式導致品質低下而被多數人放棄。幸好，當時她年輕無畏，不僅找出問題根源，還做了正確的改變。她從自家的

這位Foradori酒廠的Elisabetta，不只一手撐起家族酒廠，還讓Teroldego品種，從沒沒無聞再次炙手可熱。右頁為Foradori酒廠旁的葡萄園。

老藤葡萄園中，篩選出多樣化的Teroldego樹種，改用讓葡萄得以維持低產量的剪枝方式，再將酒經適切的木桶培養；當然，家傳葡萄園正好處在自古以來被認為是最適合品種的「特級葡萄園」區塊，恰好有最適的砂土和沉積土，應該都是原因之一。於是，經過Elisabetta巧手改造的Teroldego，不只因為富含花青素而有深濃酒色，還用櫻桃、紫羅蘭等細膩迷人的花果香氣，搭配鮮活酸度、柔美單寧，突然在1990年代末，以甜美風味和陳年潛力驚豔國際。

當年突如其來的成功，沒讓年輕女莊主被名利沖昏頭，她反而意識到，按固定配方產出的成功酒款，似乎扼殺了她內心深藏的創造力。她一直以來就對植物生長等生物學議題很感興趣，恰好在進入新世紀後，因為朋友引薦接觸到自然動力種植法，很快地，她從2002年起開始全面採用此法。隨著收成果實的風味越飽滿豐富，她不只對農法更有信心，甚至在釀酒方面，也逐漸鼓起勇氣，以更多哲學理念取代釀酒學校傳授的科學概念。

就像很多其他的自然動力種植法生產者，她在釀酒方面，開始逐步嘗試更少干預的自然作法。因為有更成熟的果實和果梗，而能加入部分連梗的整串葡萄、無需去梗；能改採葡萄上附著的天然酵母而不再仰賴培養酵母；能泡皮更久，更少淋汁踩皮。由於葡萄本身的狀態

越好、生命力越強,她在釀酒上,不只有更多揮灑空間,也同時面臨可能無法掌控的更大挑戰。在心態上,她不再亦步亦趨地全程干預,更能以「照看」的態度,只在需要時給予必要的人為「協助」。儘管這些作為也可能一不小心構成災難,但是近年開始修習瑜伽,也讓Elisabetta在傾聽微小內在聲音,從而做出改變的同時,感覺工作變得更自在舒坦,也找回內在的創造力,甚至培養出今日對葡萄、區域風土,甚至過往歷史的堅定信心。

比方對於歷史上只在釀成風乾葡萄甜酒時才享有盛名,能散發出榛果香氣的Nosiola品種,Elisabetta不像多數當地生產者,認為只能做成欠缺性格,品質平庸的不甜白酒。從自家酒窖中父親留下來的高齡Nosiola裡(比方她最近才嘗的年近五十的1966年),那些連皮發酵的Nosiola讓她深信,這個品種能有白花、柑橘類的清新細膩表現,還能有更多豐富的層次和深度。她甚至將Nosiola白酒和單一葡萄園Teroldego的釀造,改在陶土製的雙耳酒瓶中進行。被置入陶瓶中的果汁,果皮以及部分果梗,會在瓶中浸泡六至八個月後,才被置入不同木桶,在完成進一步培養後裝瓶。她認為陶土能讓酒有更直接的風味表現,也相信自然動力種植法創始者——奧地利哲學家Steiner倡議的:陶土有助於連結土地和宇宙能量的說法。

儘管我認為,對像Foradori這樣,按著獨自的生命時鐘,有著不同生命歷程的酒,或許需要遠比幾小時更長的品飲時間(其他許多以

自然農法產製的酒或也易有此傾向），才能充分感受其中的能量。
但是Elisabetta卻在到訪中的每一刻，以百分之百的集中和注意力，讓
人感受認真「活在每個當下」的身體力行。例如她指出，以無法控溫
的雙耳陶瓶進行的發酵過程，看似簡單，實際卻需要分分秒秒全心投
入，任何決定都需要絕對的思慮清晰。只要稍不留神，一個錯誤的決
定，可能讓一批酒從絕佳狀態變成不堪飲用。這些戰戰兢兢，讓她不
只對酒生出更多耐性，還培養出更多隨時因應環境變化的柔軟彈性。

　　如今，韌性十足的她已經不再和自然對抗，而能以與日俱增的
無比信心，迎接大自然的挑戰。相較於在族譜上血統更複雜的後代
Lagrein，Teroldego和Lagrein雖然同為區內的重要紅酒品種，都有濃郁
酒色和豐富甜美的花果香氣；但是Foradori的Teroldego，似乎讓人感
受到更多傳承自黑皮諾的細膩優雅，相較於Lagrein，更突顯豐富血統
帶來的飽滿結構和活力單寧。特別是曾經一度在釀造過程中停止發酵
的頂級酒：2011年Granato，反而在她放棄干預之後，靠著自身力量成
為如今在杯中令人折服的絕佳Teroldego。貨真價實的葡萄酒生命力，
或許真要透過種種艱難考驗，才能真正展現在世人面前。

Foradori
Foradori

特連提諾Mezzolombardo地區
泰洛得果（Teroldego）
Vigneti delle Dolomiti Teroldego
I.G.T
🍷 ❗❗❗～❗❗❗❗
Ⓢ $$
❤❤❤～❤❤❤❤❤

儘管選用的葡萄園不同；釀造過程所用的容器不
同（可以從不鏽鋼槽、陶土雙耳酒瓶到大型橡木
桶）；所經的最終培養程序和時間也各不相同；
但是在Foradori的多款Teroldego裡，都能喝到不同
規模的純粹品種表現。這款基礎Teroldego，或許
沒有陳年酒款如Granato的豐厚濃郁，不像兩款單
一園那樣，能明顯感受其間的風土差異。但仍以
輕盈的花果香、緊實結構和均衡口感，讓人很容
易感受Teroldego的明星魅力。

弗里烏拉諾（Friulano）

從相對位置來看，Friuli-Venezia Giulia仍在北義。自從火車離開了讓人感覺置身德奧、連人情都透出涼意的Alto Adige，當視線裡不再有多洛米蒂山脈（Dolomiti）巍峨峭峻的山壁之後；迎面而來的，就是截然不同於北方印象的碧綠風景。儘管秋收已經結束，仍絲毫不見蕭瑟的影子，因為擁有和緩丘陵和無盡綠意的Friuli-Venezia Giulia（縮寫FVG），其實是位於區內東南，緊鄰斯洛維尼亞的氣候溫和丘陵地區。作為著名白酒產區的Friuli-Venezia Giulia，早在多數義大利白酒還稱不上「乾淨」、「正確」的1970年代，就因為少數生產者以精確釀造工法製成的國際品種白酒，贏來盛名。在這個斯洛維尼亞語和德語，同時和義大利語並列為公用語言的區域，不只有許多生產者，其實就來自隔鄰的斯洛維尼亞；甚至酒的性格，都帶有更多屬於中歐的結實強勁。在這個渣釀白蘭地（grappa）盛行，號稱「義大利最會拼酒」的地方，近年發展出以白葡萄品種連皮釀成色深味重的橘酒（orange wine）流行，都像是酒豪橫行區域的必然發展。

不過，邊陲區域對外來移民，似乎早已培養出開放的胸襟。否則，幾百年前才在此扎根的不折不扣移民：托凱—弗里烏拉諾（Tocai

Friulano），不會在今日，成為當地人心中幾乎和白酒畫上等號的白酒品種。據稱十九世紀初被引進義大利的Tocai Friulano，或許因為當時匈牙利的托凱（Tokaji）貴腐甜酒實在太有名，才在引進的外國葡萄名字裡強加了「托凱」（Tocai），似乎存心想混淆視聽。隨著匈牙利當局在近年提出的正名抗議，如今這種葡萄和酒，只能稱為Friulano，不過雖然嚴格規定酒名只能是Friulano（也是酒標上會標示的名稱），有些堅定不移的當地人仍不死心，因此在義大利通用的葡萄品種名，偶爾仍見維持Tocai Friulano舊名的例子（雖然單稱Friulano也完全通用）。

無論這品種在義大利叫什麼名

右　如今擁有歷史酒
廠Schiopetto 以及
Volpe Pasini酒廠的
Rotolo一家。最
右為大家長Emilio
Rotolo。

稱，目前的DNA研究結果都確認，這其實就是源自法國的綠蘇維濃
（Sauvignon Vert，或稱Sauvignonasse）品種。雖然並非白蘇維濃的直
系子孫，兩者之間又有種種相似，難保不是在哪裡曾經一表三千里的
近親遠親。實際上，義大利的Friulano，常能有比白蘇維濃更豐腴的
酒體，更清淡的草本香氣。還因為區內兩大產區：可利歐（Collio）
以及弗里烏利─可利─歐利恩塔利（Friuli Colli Orientali），混和泥灰
土和砂岩的特殊石灰岩土壤，而常有豐富的礦物質。清爽的酸度，加
上可能出現的白花、杏仁、麥桿，乃至於其他香料，更讓酒有不亞於
白蘇維濃的清新可喜。有些經過較長酒渣接觸的酒，還能在強化酒質
層次和結構外，發展出更多不同於新鮮果香的熟成香氣。

　　比方在當地，一手打造產區白酒名氣的老牌酒廠Schiopetto，就
以新舊不同年份的Friulano，讓我一窺品種難得的陳年實力。由Mario
Schiopetto在1965年創建的Schiopetto，曾在還沒人開始注意義大利葡
萄酒的1970年代，以明淨純粹的白酒風格聲名鵲起。Mario早年家裡
經營旅店，當初總覺得買來供客人喝的葡萄酒水準不夠精良，竟然就
動念自己製酒。地利之便讓他前往德、法學釀酒，對精進技術不遺
餘力的他，日後更在職業生涯中持續對酵母與發酵容器鑽研改進。
連2014年才剛接手的新主人：Rotolo家族（同時還擁有區內的Volpe
Pasini酒廠），以改建工程累積財富的大家長Emilio Rotolo，都恰好
是氣味相投的葡萄酒「科學」信徒。當我提出關於自然動力種植法的

Livio Felluga酒廠家族的
第二代釀酒師Andrea
Felluga，該酒廠在區內
擁有廣大葡萄園。

問題時，Emilio則是不假辭色地表示：「酒就是該按科學而不是巫術來做」。

另一方面，區內另一家擁有龐大葡萄園，創立於1956年的老牌歷史酒廠——以迷人地圖酒標聞名的Livio Felluga，則是從1980年代起，就用Friulano、白皮諾和白蘇維濃混調的白酒Terre Alte，宣告品種作為調配酒的魅力。身為家族第二代的釀酒師Andrea Felluga不諱言，作為產酒區，Friuli-Venezia Giulia或許是個難以界定到底屬於山區或海岸的中間地區。儘管酒廠在緊鄰斯洛維尼亞、主要以產白酒為主的Collio產區，以及區域更狹長、依所在位置不同可以兼有優質紅、白酒的Friuli Colli Orientali，擁有相當面積的葡萄園，整體而言，他仍認為，區內的白酒遠比紅酒更容易保持穩定的高品質，比方旗下以雷佛思科（Refosco）等紅酒品種混調的旗艦紅酒Sosso，就更容易受年份影響而時有起落。至於以高坡葡萄園的老樹果實釀成的Terre Alte，相較之下，就更容易穩定地達到他所追求的乾淨又有個性的風格訴求。

Livio Felluga
Terre Alte

🌿 弗里烏利—維內奇亞朱利亞
　Gorizia地區
🍇 弗里烏拉諾（Friulano）、白皮
　諾、白蘇維濃
Ⓓ Rosazzo DOCG
🍷 ❢❢❢～❢❢❢❢
Ⓢ $$$
Ⓗ 🍎🍎🍎～🍎🍎🍎🍎

雖然產自單一歷史葡萄園的三
個品種，最終是以約等比例進
行調配，但是唯獨Friulano是
在小型法國橡木桶中完成發酵和十個月的培養後，才和只經鋼
槽發酵和培養的其他品種完成混和。酒款因此能有相當萃取和
豐厚圓潤質地。像2006這曾頗受好評的年份，至今都不顯老氣且
有濃厚均衡口感，即便是評價偏弱的2011年，也有清亮的白色水
果和豐富礦物質，展現酒款穩定的高水平。

Schiopetto
Friulano

🌿 弗里烏利—維內奇亞朱利亞
　Gorizia地區
🍇 弗里烏拉諾（Friulano）
Ⓓ Collio DOC
🍷 ❢❢❢～❢❢❢❢
Ⓢ $$$
Ⓗ 🍎🍎🍎～🍎🍎🍎🍎

在Mario Schiopetto的兒子監管
下產出的2013年份，固然在比
白蘇維濃更濃密滑潤的質地
外，還有輕盈的花草、百香果
香，搭配靈巧酸度、麥桿風
味，以及些許鹹味質地，勾勒
出品種的基本樣貌。真正令人
驚喜的卻是由Mario Schiopetto
（於2003年辭世）在世時釀成
的1993年，至今仍以細膩質地
和甜潤蜂蜜香氣，展現出絕佳
的濃縮感和均衡口感，印證品
種的陳年實力。

I Clivi
Clivi Brazan

🌿 弗里烏利—維內奇亞朱利亞
　Gorizia地區
🍇 弗里烏拉諾（Friulano）
Ⓓ Collio DOC
🍷 ❢❢❢～❢❢❢❢
Ⓢ $$
Ⓗ 🍎🍎🍎～🍎🍎🍎🍎

在自然酒展上嘗到的I Clivi，
是家讓人頭痛的酒廠。因為
從氣泡酒到白酒的不同類型
和品種，都能嘗出用自然釀造和農法搭配老樹打造出的活力充
沛濃縮果實，緊緻細密綿延酸度，不同程度的礦物質風味，從
而在少施脂粉的情況下，彰顯出品種氣性，很難只鎖定一款推
薦酒。不過以單一葡萄園Brazan果實釀成的Friulano，尤其饒富趣
味。讓酒經一年半酒渣接觸的2012年，可以清楚感受到多風濕
冷天候帶來的突出酸度和源自土壤的礦物風味；經一百四十個
月酒渣接觸在2013年才裝瓶的2001年份，則是在仍顯淺淡的酒色
外，有飽滿結構、圓潤質地和乾果風味，讓人期待Friulano仍有
待發掘的真正能耐。

里波拉架喇（**Ribolla Gialla**）

雖然Friulano和Ribolla Gialla，是最能代表本區的兩大白酒品種，但是兩者在身世乃至於風格口感上，卻是互補似地迥然不同。相較於兩百多年前才來的Friulano；Ribolla Gialla幾乎沒離開過家鄉，是早就扎根在Collio，發展歷史至少多了好幾倍的古老白品種。這個被認為可能源自本區的品種，在十三世紀，已經是進貢給皇室、貴族的名酒，日後聲名甚至外傳到鄰近的德、奧兩國，及至十九世紀，Ribolla Gialla更成了區內最受歡迎的品種。雖然如今我們很難斷定，當時流行的風格，是比較清淡或濃厚的哪一種。

Ribolla Gialla能有明亮酒色，若按一般白酒作法，不特別使用木桶培養，可以毫不費力成為極其迷人的清雅白酒。清爽高酸，帶點檸檬或花香，甚至發展出乾果香氣，比方I Clivi酒廠用三十年老樹果實，經六個月酒渣培養釀成的Ribolla Gialla，就是以清麗純淨的柑橘和花香，搭配隱約乾果風味的可愛範例。但在區內的某些地區，也有讓白葡萄連皮一起發酵的傳統作法。一開口就滿是獨到的自然哲理，還有壯碩結實農夫身材的Damijan Podversic，就是讓Ribolla Gialla，以醇厚風味和濃密質地，展現豐醇濃厚面向的著名生產者之一。

Damijan的酒，約莫是在本世紀初，開始採連皮發酵作法後才廣受矚目，但是這位如今已年近半百的生產者，卻是從小就跟著父親在葡萄園裡玩耍，小學時就知曉自己深受葡萄園工作吸引，長大後更堅

Damijan Podversic
Ribolla Gialla

🍃 弗里烏利-維內奇亞朱利亞
Gorizia地區
🍇 里波拉架喇（Ribolla
Gialla）
🏷 Venezia Giulia IGT
🍷 !!!~!!!!!
💲 $$$
🍴 ❦❦❦~❦❦❦❦❦

像Damijan這樣將白葡萄連皮浸泡，用類似紅酒製程做的酒，雖然也曾因酒色深濃而贏來「橘酒」的稱號，不過Damijan的這款Ribolla Gialla，酒色還只是飽滿地黃中帶橘，充滿熟成果實的種種豐濃香氣。香草類植物、糖漬杏桃、太妃糖等，在濃甜果香外，還有絕佳酸度構成口感均衡，綿長豐富的後味，肯定能在開瓶後也有絕佳持續力。

I Clivi酒廠的Mario
Zanusso（圖左），擁
有同名酒廠的Damijan
Podversic（圖右），都
是本區有絕佳品質、還
能表現獨特風格的頂尖
葡萄農。

信，終有一天會完成「在酒窖中喝自家酒」的人生大夢。在近三十年
的葡萄農生涯裡，他表示：自己從來沒有迷失過。對自己的栽培理念
和釀酒方式，他更抱著同樣不移的堅定信心。Damijan盡可能以自然
的方式進行農事和釀酒，他認為，所謂葡萄酒的品質應該取決於是否
能充分表現出礦物質風味、果實本身的清爽均衡，同時忠實詮釋出不
同的年份差異。在他的酒裡，他也盡可能挑選最佳成熟度的完美果
實，讓人感受扎實的品質。被他認定已經成熟的葡萄，會在經篩選
後，在去梗破皮的狀態下，在大木槽像紅酒那樣進行長達兩個月的連
皮發酵，待獲得葡萄中所有風味物質後榨汁，之後再經大型橡木桶培
養兩年後不經過濾就裝瓶。

　　在他簡單到幾乎顯得侷促的酒窖裡，幾個不同年份的Ribolla
Gialla還在木桶裡培養，確有著讓人不可能錯認的迥異個性。當我
表示偏好其中某個年份勝過另一個，他卻毫不留情地當面斥責我。
Damijan曾說：「我希望大家是透過酒的真正品質來認識我的酒，而
不是因為這酒得了酒評家的幾分，或得了哪個獎。因為我的酒就是我
的靈魂。如果沒有熱情，就不可能做出偉大的酒。」或許正因如此，
桶中或瓶中的哪個年份，都是他人生某個無可取代的熱情結晶。這些
被他期待至少要有半百高壽的酒，或許我們也該用更多的耐性，去逐
漸體會封藏在簡素印象背後的激情和耐力。

國際品種（白蘇維濃、白皮諾、卡本內蘇維濃）

從各方面來說，義大利都不是「一個國家」；特別在Trentino-Alto Adige和Friuli-Venezia Giulia這兩個帶有強烈「外來」色彩的區域，外來品種也蓬勃發展，似乎在偶然之外還有幾分「必然」。如果以極其嚴格的標準來看，這些以國際品種釀成的酒，或許很難稱得上「義大利葡萄酒」。實際上，不只Friuli位於Colli Orientali的歷史酒廠Volpe Pasini大家長Emilio Rotolo曾指出，在當地包括梅洛在內的許多國際品種，其實早在十八、十九世紀就引進當地，因此已是適應區域風土的「當地品種」；連我的品飲經驗都顯示，義大利風土確實有讓國際品種「在地化」的能耐。比方產自Toscana的梅洛，就酸度十足令人聯想到山吉歐維樹，連在上世紀讓這兩區開始成名的白蘇維濃，都常以突出的礦物質風味，有別於品種在其他區域的表現。

在讓人感覺儼然置身德國或奧地利的Alto Adige，儘管從香氣酒體都濃郁厚重的白品種格烏茲塔明那（Gewürztraminer），到細緻嬌貴的紅酒之尊如黑皮諾（Pinot Noir），都能毫無疑問地發展存活，要論既有廣泛種植還有品質出眾，多數人聯想到的卻是和白蘇維濃同樣來自法國的白皮諾（Pinot Bianco）。雖然白皮諾的名氣和受歡迎程度，遠比不上以淺淡少酸的風格，在國際間掀起旋風的孿生兄

弟：灰皮諾（Pinot Grigio，兩者均為黑皮諾的變種，不過灰皮諾在Friuli往往更飽滿濃厚）。實際上，白皮諾更容易維持清爽酸度和均衡口感，甚至偶爾讓人感覺形似夏多內，或許才是兩者中更被低估的潛力品種。

例如Alto Adige名廠Terlano，最有名的就是在不鏽鋼槽裡和酒渣一起進行極長期培養後才推出的豐富白酒——比方直至今日仍然躺在酒廠閃亮鋼槽裡，部分遠自1979年起培養至今的珍貴酒液。這些以夏多內、白皮諾釀成的陳年白酒，當初由前任釀酒師在參訪法國香檳區得到靈感，才開始進行「長期酒渣培養」的實驗。我所嘗到在2013年才裝瓶的2002年白皮諾，就

Tenuta San Leonardo，擁有「侯爵」身分的酒廠主人Marchese Carlo Guerrieri Gonzaga和兒子Anselmo（右頁）。

是將完成發酵、調配的酒液（其中有部分經乳酸發酵和短期大木槽培養），再置入不鏽鋼槽，和酒渣一起經至少十年培養才推出。這些比一般白酒經過更長酒渣接觸的酒，能在原本豐潤的酒體外，發展出細密質地和綿長餘韻，酒中果然也有同品種罕見的柔滑口感和迷人後味，喝來不覺歲月痕跡，甚至有儼然經「凍齡」的青春活力。

即便以一般釀法製成的白酒，當地往往種植在較高海拔葡萄園的白皮諾、灰皮諾、白蘇維濃等，也都不只有成熟果實的濃密醇厚，還有山區高日夜溫差培育出的飽滿酸度，甚至偶有富含礦物質土壤帶來的礦物風味。例如以白皮諾為主，搭配其他品種混釀的Terlaner白酒，就是讓各品種在調配中都能發揮所長，在豐醇飽滿的同時又爽口清新的範例。至於因為身為波爾多紅酒調配要角，才有遍及世界的足跡和知名度的卡本內蘇維濃，也在十九世紀來到緯度和波爾多相近的Trentino一帶。同時傳來的還有波爾多因為過往氣候限制所導致的混調品種傳統（過去波爾多因為氣候不一定能讓晚熟的卡本內每年都成熟，才有調配品種的傳統，進入二十一世紀後的氣候轉變則使得情況有所改變）。

位於特連托（Trento）以南，狹長的拉佳麗那（Vallagarina）山谷間的花園酒廠Tenuta San Leonardo，擁有「侯爵」身分的酒廠主人Marchese Carlo Guerrieri Gonzaga，因為「國際化」的出身背景，成了在北義打造出廣受國際歡迎的波爾多型態莊園主人。酒廠主人Carlo，是早在十七世紀扎根當地的貴族家庭，連目前酒廠所擁有占地數百公頃的莊園，都是自1784年起的家族產業。這位莊主本身對園藝、農業都相當有興趣，後來還唸了釀酒。因為家族恰好和托斯卡尼幾個著名釀酒貴族（包括擁有Tenuta San Guido的Incisa家族、Antinori家族）都很友好，在參與San Guido打造名酒的過程後，Carlo遂也動念將自家「附屬」的葡萄園，轉為波爾多型態的「城堡酒莊」。於是，位於海

拔一百五十公尺，主要屬於礫石和砂地的葡萄園，在1980年代按釀酒
顧問Giacomo Tachis的建議，以六成的卡本內搭配其他品種，組成名
為San Leonardo的波爾多調配。

　　恰好莊園所在的Vallagarina谷地，雖然有阿爾卑斯山系作為河
谷葡萄園的高聳背景，然而隔著山壁卻有足以調節氣候的加爾達湖
（Lago di Garda），使當地的氣候風土有阿爾卑斯氣候和地中海氣候
交界的溫和穩定，讓酒都顯得柔美和煦。這些酒從首發的1983年就廣
獲好評，至今仍然維持在水泥槽發酵後經小橡木桶培養的作法沒有改
變；唯一的不同是，在早年種植的卡本內弗朗中，後來才發現有少部
分其實是和卡本內同為手足的卡門內（Carmenere）品種。於是，在
今日酒莊以廣闊精緻聞名的大花園裡，散落在不同區域的幾十公頃葡
萄園，仍然是一派珍·奧斯汀（Jane Austen）小說裡的鄉野恬靜。San
Leonardo調配出的細膩秀麗，也在兒子Anselmo的手上，維持著一貫
的翩翩風度，一如貴族血統般代代相傳。

Volpe Pasini
Zuc di Volpe Sauvignon

🍇 弗里烏利─維內奇亞朱利亞 Togliano地區
🍷 白蘇維濃（Sauvignon Blanc）
Ⓓ Friuli Colli Orientali DOC
🍷 ‼️‼️～‼️‼️‼️
Ⓢ $$
Ⓗ 🍎🍎🍎～🍎🍎🍎🍎

Zuc di Volpe，是酒廠一系列用同名歷史葡萄園果實（梅洛除外）生產的高等級旗艦酒。在這塊山坡葡萄園，不同品種都能達到絕佳成熟度，風味中還都有明顯礦物質風味（例如原生白品種Ribolla Gialla、紅品種雷佛思科Refosco都相當迷人）。這款白蘇維濃也在熟悉的宜人白花、芭樂香氣外，還有明亮酸度構成清爽口感，並由礦物質風味，造就不同於其他常見白蘇維濃的層次和深度。

Cantina Terlano
Pinot Bianco Vorberg Riserva

🍇 阿爾圖阿第杰Terlano地區
🍷 白皮諾（Pinot Bianco）
Ⓓ Alto Adige DOC
🍷 ‼️‼️～‼️‼️‼️
Ⓢ $$$
Ⓗ 🍎🍎🍎～🍎🍎🍎🍎

當地位居兩條河流（Rio San Pietro和Rio di Meltina）之間的陡峭梯田，是坐享充分日照，傳統上稱為Vorberg的梯田葡萄園區。這些分居海拔六百至九百五十公尺間的葡萄園，因此能有充分成熟的果實，在經傳統大木槽發酵和培養之後，在各種黃色水果的濃縮風味外，還有圓潤柔滑質地，甚至在經過更長陳年後，發展出更多蜜蠟、乾果類的成熟香氣，還有絕佳酸度構成均衡口感。潛力可期。

Tenuta San Leonardo
San Leonardo

🍇 特連提諾Avio地區
🍷 卡本內蘇維濃（Cabernet Sauvignon）60%、卡本內弗朗＆卡門內（Cabernet Franc＆Carmenere）30%、梅洛（Merlot）10%
Ⓓ Vallagarina IGT
🍷 ‼️‼️～‼️‼️‼️
Ⓢ $$$$～$$$$$
Ⓗ 🍎🍎🍎～🍎🍎🍎🍎🍎

這款自1983年誕生之後，就成為北義代表性波爾多調配的歷史名酒，如今更隨著平均樹齡的日益增長，越能在不同年份彰顯出各異的年份特性。細緻圓滑的絲絨質地，濃縮飽滿的漿果香氣，或輕柔或鮮明的草本清涼風味，卻是在不同年份都能窺見的基本架構。經水泥槽發酵和小型橡木桶培養，再搭配長期瓶中培養形成的柔細質地，讓這款帶著獨到北義韻味的波爾多調配，顯得與眾不同。

Chapter
9

中東部

後山秘境
Umbria, Marche & Abruzzo

半島上唯一不臨海、四面都被陸地包圍的翁布利亞（Umbria），
東鄰亞得里亞海（Mar Adriatico）、西為半島骨幹亞平寧
山脈（Appennini）阻隔的馬爾凱（Marche）和阿布魯佐
（Abruzzo），義大利中東部沒有北部來得發達、也比色彩繽紛的南
部少了點激亢高昂（雖然Abruzzo在很多方面常被視為南義而非中
義）。

　　義大利的「後山」秘境，雖不若西部有大城散落，但是曾經往來
不易的交通，卻讓相對封閉的環境留下了更多傳統。比方義大利擁有
最多美麗小鎮（I Borghi più belli d'Italia）的前三地區，就恰好是這三
個區域。三個都多山多丘陵（都有近七成）的區塊，還都有以石灰岩
（或石灰岩質黏土）為主的土壤，形成渾然天成的葡萄種植地。不過
三個區域儘管有許多相似，卻仍是斑馬群裡的三匹斑馬，只要仔細分
辨，就能看出各自的獨特斑紋。

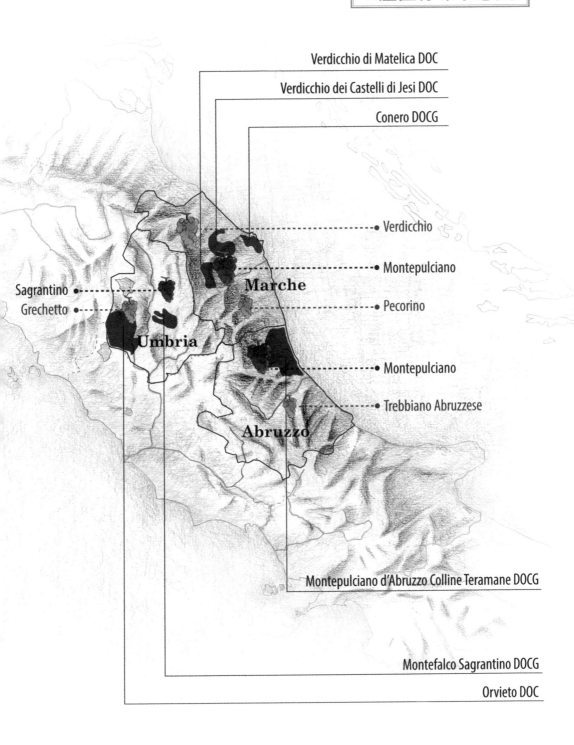

中與東部主要品種
&產區分布示意圖

Verdicchio di Matelica DOC

Verdicchio dei Castelli di Jesi DOC

Conero DOCG

Verdicchio

Montepulciano

Marche

Sagrantino

Pecorino

Grechetto

Umbria

Montepulciano

Trebbiano Abruzzese

Abruzzo

Montepulciano d'Abruzzo Colline Teramane DOCG

Montefalco Sagrantino DOCG

Orvieto DOC

讓Sagrantino這古老品種，重新受到重視的Marco Caprai。

　　觀光景點眾多而在三者中名氣較大的Umbria，是在Orvieto產區白酒外，還以錯落在河、湖間，能分屬溫帶大陸或溫帶地中海氣候的山坡葡萄園和原生品種薩葛倫提諾（Sagrantino）聞名的歷史酒區。另外，Marche和Abruzzo雖然幾乎同時受山、海影響，連葡萄品種都往往互通有無。位置更北，海陸交通相對更便利的Marche，不只風俗習慣上受更多外來影響，也有更多丘陵河谷橫貫，還有大陸和地中海型氣候在首府安科那（Ancona）交會。至於位置更南，屬於地中海氣候的Abruzzo，因有亞平寧山脈最高峰等海拔數千公尺的高山，是以儘管在海岸部分相對溫暖，只要稍往內陸幾十公里，就能感覺高山帶來的涼爽氣流；曾經封閉的對外交通，更讓風俗民情都更與眾不同。

　　在Marche區域將Umani Ronchi經營成今日最具規模私人名廠的家族成員、總裁Massimo年近七旬的弟弟Steano，憶起1970年代和哥哥一起投身葡萄酒業時：「當年我和哥哥都是學有專精的經濟和商業博士，當兵都是待菁英部隊。結果我有一天回家告訴媽媽說，要幫哥哥一起做葡萄酒，她居然在家哭了快一個禮拜。你就知道那個時候，社會菁英通常是不會去做葡萄酒的」。

薩葛倫提諾（Sagrantino）

　　2005年，我首度造訪生產Sagrantino的蒙特法科（Montefalco）小鎮。才只初見，年輕Sagrantino能有的艱澀單寧和銳利酸度，已讓人留下儼然舌根被綑綁、喉頭被緊鎖，幾近自虐又讓人回味再三的經驗。當時我甚至因此以酒名Sagrantino di Montefalco（產自Montefalco的Sagrantino）為題，寫成了一篇「SM紅酒」。時隔多年，再次來到鎮上的Arnaldo Caprai酒廠，我不只感覺酒廠主人Marco Caprai更成熟，連如今稱為Montefalco Sagrantino的酒，嘗來都好似從青年邁入中年，少了點激進和生硬，在年輕酒款中都有沉穩圓融。

　　Sagrantino，是種植範圍幾乎僅限於Umbria的古老品種，直到1980年代前，都還只用來釀成風乾葡萄甜酒。傳說中，Sagrantino甜酒是只在慶祝收成的慶典上飲用的珍稀酒款。不只以生產Sagrantino聞名的Montefalco小鎮一帶，是十一世紀已留下葡萄種植紀錄的歷史產區，連用Sagrantino釀的酒，都曾在十九世紀末獲獎連連。但是在Caprai酒廠創立的1971年，果串小、產量低的Sagrantino，卻在戰後人們的葡萄酒口味也轉向的情況下，幾乎被遺忘滅絕。幸好在Caprai的帶動下，1980年代接手酒廠的Marco Caprai，不只讓當地逐漸注意到品種釀成不甜紅酒的潛力，他所主導的大規模品種研究和推廣，更讓國際酒壇開始注意到這風味能濃縮強勁的紅酒品種。

　　因此在我初訪的2005年，當時已有許多自1980年代才開始摸索Sagrantino的生產者，將這晚熟的品種，釀成充滿黑櫻桃和桑椹的黑色漿果甜香，並在香料風味外，還帶有飽滿酸度和單寧的強勁不甜

紅酒。Caprai的研究更發現，Sagrantino不只和義大利其他紅酒品種相
比，有極為突出的酚類物質含量和單寧，甚至放眼國際，Sagrantino都
是數一數二的高酚、高單寧品種，最能滿足飲者對「紅酒養生」效果
的熱切期待。儘管在當時一些年歲稍長的Sagrantino裡，也能喝到更圓
熟的單寧和皮革、動物等熟成香氣，但在年輕酒款中，部分Sagrantino
確實也有不受控制的酸度和單寧。因此也有生產者表示，其實自己對
Sagrantino應有的風格，還在摸索嘗試；Marco則對自家所進行的各種
種植方式、無性繁殖系等的研究，極度熱衷。

　　相較之下，今天的Marco在經過和Sagrantino三十年的朝夕相處
後，似乎已經培養出儼然老夫老妻的平淡恬靜。他們不只摸清楚品種
偏好的生長環境，熟悉不同無性繁殖系的果實特色，意識到Sagrantino
在不同土壤上的種種風味落差，也和全義大利其他在戰後才逐漸開始
理解原生品種的生產者一樣，試圖在精準掌握品種的同時，找出能被
市場接受的最佳風格。或許，這是為什麼在我看來，如今的Sagrantino
更顯和緩溫馴的風味和單寧，似乎少了幾分當年的狂野，更像是已經
嬌慣在動物園裡的都市猛獸。

維爾第奇歐（Verdicchio）

　　1960、1970年代，當Verdicchio被包裝在漂亮的雙耳陶瓶狀酒瓶

裡時（雖然這看著也有點像魚形的酒瓶，也有傳說是發想自女性的身體曲線），曾經帶來絕大的銷售成績。但是在多數人心裡，Verdicchio卻也因此被認定是空有「外表」而不具內涵的空心大蘿蔔。今天的Verdicchio，擺脫曾經帶來商業成功的特殊酒瓶後，卻被發現很可能是Marche地區（甚至整個中部義大利、或全義大利）最有潛力的白酒品種之一。在今天所有專家公認的優點裡，Verdicchio不只有超強的適應能力，還能有多重性格，扮好從氣泡酒到甜酒等不同類型酒款。連往往會掩蓋義大利白品種纖細風味的橡木桶，都遮不住Verdicchio，讓它成為少數適合木桶培養的品種之一；在充分成熟後還留下的明顯酸度，更讓Verdicchio不只能在年輕時清爽多酸，還有可觀的陳年潛力。

　　DNA鑑定已經確認，Verdicchio其實和出現在義大利東北部，常用於蘇瓦維（Soave）調配中的Trebbiano di Soave，是同一個品種（大家現在該已習慣，在義大利，看起來相似，或出現在不同地區的同一品種名稱，多半都不是同一種：例如Trebbiano di Soave和Trebbiano Abruzzese。反倒是看來幾乎完全不同的兩種名稱，很有可能指的是同一種東西，一如此例）。專家更推估，在十二世紀已經留下記錄的Trebbiano di Soave，應該是先在威尼斯一帶造成流行，才由移民到Marche的北方農民，從家鄉帶來的外地品種。

　　在我有限的品嘗經驗裡，Verdicchio常在後味有宜人的苦杏仁味

（在Soave的酒款中也常見），能在年輕酒裡清新淡雅地帶有檸檬、麥桿，細膩花果甚或礦物質；精挑細選的優質陳年Verdicchio，甚至能有打火石或汽油類風味，搭配難以言喻的質地，令人彷彿窺見頂級的布根地白酒。至於在Marche最有名的兩個Verdicchio產區：近海且知名度較高的卡斯泰利迪耶西（Castelli di Jesi），以及內陸更鮮為人知的瑪泰利卡之維爾第奇歐（Verdicchio di Matelica）之間，前者則往往更淡雅多香，而後者更易有濃郁酒體和酸度鮮明。

在Marche最具規模的私人名廠Umani Ronchi，目前掌舵的Michele Bernetti就表示，酒廠早在1990年代已經用過各種釀法來探究Verdicchio的可能性（比方百分百木桶發酵等），因此如今不只對品種有充分理解，更將高等級白酒改以原生酵母發酵，好讓葡萄風味更能發揮。確實，在Umani Ronchi類型多樣化的Verdicchio裡，都能嘗到鮮明的品種特色，以及透過不同釀造技法所表現出的Verdicchio多面向。倒是在Marche最有名的歷史酒廠──創立於1901年的Garofoli，做成氣泡酒的Verdicchio中滿是麥桿和礦物質風味的絕佳表現，證明這早在十九世紀率先被選來做成氣泡酒的品種，在這方面，倒真是被慧眼識英雄地看出暗藏的潛力。

在我毫無根據的想像裡，Verdicchio不只有在氣泡酒中的突出表現讓我聯想到Garganega；種種性質上的相似，甚至在北方只扮演配角，離了家鄉才挑起大樑的作為，都讓我彷彿感受到父子間的情結糾葛，忍不住猜測Verdicchio或許就是Soave骨幹Garganega品種數目眾多的後代之一。看來，由Verdicchio擔綱的葡萄身世推理和潛力賭局，仍有後續精采可期。

由五位好朋友在1970年代於Marche南部設立的Aurora，是當地倡議有機農業和自然釀造的先驅之一。

佩科里諾（Pecorino）

雖然Marche名氣最大的原生品種，該是能獨挑大樑且有潛力無限的Verdicchio，以及常在紅酒中擔任調配山吉歐維樹。但是Pecorino顯然是最趕得上流行的「新興」原生品種，這十幾

年前還瀕臨絕種的葡萄，突然在二十一世紀爆出冷門成了最新流行。這種葡萄據稱因為過去常被牧羊人食用，才因此和羊乳酪同名，卻並未留下太多證明自己身分來歷的證據，唯獨1876年在Ancona一帶的種植記錄，能證明當時確有此產量並不大的品種。隨後的農業改革，則是讓Pecorino這類無法有高產量的品種，成了義大利成千上萬被遺忘品種之一。直到1982年，Marche一位不滿當地白葡萄品質的酒廠主人Cocci Grifoni，因緣際會找到種有Pecorino老樹的葡萄園，才從1990年起，開始推出單一品種的Pecorino裝瓶。

如果Cocci Grifoni在推出Pecorino裝瓶的第三、四年，甚或第五年就放棄，那麼今天Pecorino可能仍然是瀕危品種，酒廠也可能仍會是上世紀推出Pecorino裝瓶的唯一酒廠。幸好，Cocci Grifoni撐了下去；其他陸續也對品種產生興趣的酒廠，即便開始種植時，需要謊稱種的是國際品種夏多內才能避免招來家庭革命。終於，Pecorino不同於其他白品種的特殊風味，突然在進入新世紀之後，時來運轉成了熱門暢銷酒。

當初由Cocci Grifoni在Marche南部開始種植的Pecorino，如今在當地的涼爽氣候區域發展得非常成功，Pecorino偏好黏土更勝石灰岩質土壤，也從Marche蔓延至羊群也更多的Abruzzo，甚至連當地一些最負盛名的酒廠，都開始積極嘗試這新品種。酒廠之間的不同釀造方式，固然能為酒款帶來風味差異，不過不管是釀成以清新的梨子、蘋果、柑橘類等水果風味為主，或者表現出些許鼠尾草、百里香等草本植物的氣質，Pecorino都有生來的高酸度，讓或許結實濃郁的酒質，依然保持舒爽清新。至於陳年Pecorino會出現的奶香或乳酪類風味，對本地多數或許還從未有過Pecorino經驗的「新興」品飲者而言，或許也會是另一個需要時間才能累積的新發現、新品味。

特比亞諾—阿布賽斯（**Trebbiano Abruzzese**）

長期旅居義大利的英國作家Tim Parks，曾在《認養義大利》（*An Italian Education*）一書中，提及自己參加小學家長會時的發現：在校方展出的古老成績單上，該標示「6」的地方，寫的竟不是義大利文代表6的sei，而是英文中代表「性」的sex。這個讓所有人百思不解、卻都默默蕭規曹隨的習慣，終於在他返家後，從義大利老婆口中得到答案：因為如果寫成sei，擔心小朋友很容易會自行竄改為代表7的set，如果是字尾x的sex，則因為較不容易偷天換日，才有了不成文的規矩。

這足以說明，為什麼一方面，Abruzzo人要謹慎將當地最常見的白葡萄品種，稱作Trebbiano Abruzzese（意為Abruzzo式的Trebbiano）；但是用這葡萄釀成的白酒，卻需要稱為Trebbiano d'Abruzzo（翻譯起來會是近似的意思：來自Abruzzo地區的Trebbiano，使得許多人因此誤以為這是品種名），營造出一種像是區隔枯葉和枯葉蝶的嚴謹。另一方面，也有生產者信誓旦旦指稱，當地常和其他品種混淆的Trebbiano Abruzzese，事實上在區內種植面積裡，真正占比或許只有約兩成。如果推論屬實，那麼每下肚十瓶Trebbiano d'Abruzzo，可能只有兩瓶是真正由此品種釀成（其他大概就都是因為長得很像而被誤認的品種）。

看來，除了紊亂和誤謬，Trebbiano Abruzzese釀成的Trebbiano d'Abruzzo，似乎已經沒什麼需要再爭論。儘管專家們還信誓旦旦指出，Trebbiano Abruzzese的品質可是比惡名昭彰的Trebbiano Toscano來得優秀，但也得喝到由最頂尖生產者發掘出屬於該品種最好的一

面。宇宙之間，固然也存有那些能帶著迷人可愛的白花芬芳，飽滿豐潤的核果香氣，在柔滑潤澤的質地外，還能有清爽酸度伴隨礦物和柑橘類風味，能讓人回味無窮的Trebbiano d'Abruzzo，但是要從數量眾多的泛泛酒款裡淘出真金，恐怕要等到區內種的所有Trebbiano Abruzzese都被驗明正身之後，才可能變得稍微容易。

Nicodemi酒廠的第二代Elena表示，葡萄園所在的Teramo，正是一般認為能讓Montepulciano有飽滿豐厚表現的所在。

蒙鐵普奇亞諾（Montepulciano）

　　拉奎拉（L'Aquila）是多山區域阿布魯佐（Abruzzo），位於內陸海拔七百多公尺的首府。歷史上，曾經歷無數次地震侵襲，或許正因如此，部分當地人真培養出大無畏的勇氣。就在2009年發生規模6大地震的前夕，當地政府官員還告訴居民，說沒什麼好擔心。重要官員甚至附和一位記者的看法，認為大家應該休息一下，享用一杯紅酒，還很有概念推薦地當地名產Montepulciano。

　　所以，Montepulciano應該是榮獲「官方推薦」，適合在地震前後用來安寧心神的「壓驚紅酒」。至少，這樣的區隔或許能讓大家不把這葡萄品種，和曾經出現在Toscana、用山吉歐維榭釀成的Vino Nobile di Montepulciano裡，作為小鎮名稱的Montepulciano搞錯。儘管葡萄品種Montepulciano，是在十八世紀末才在Abruzzo留下第一次文字記錄；實際上，Montepulciano不只和稱霸中義的山吉歐維榭，只存在著連園藝學家都很難辨別的些微差異；更有專家認為，Montepulciano葡萄之所以叫這個名字，或許正是因為源自Montepulciano小鎮，剛好又碰到習於把地名直接當葡萄名稱的Abruzzo人。

　　不過，聊聊關於Montepulciano葡萄到底是否源自Toscana產區的Montepulciano小鎮，仍然是這些色澤深濃的品種，在提供紅、黑色漿果甜香和香料風味，並有飽滿酒體的同時，順便附贈的八卦話

Nicodemi酒廠位於山坡
頂的自家葡萄園。

題。比較確定的是，用Montepulciano在Abruzzo釀成的阿布魯佐─
蒙鐵普奇亞諾（Montepulciano d'Abruzzo）紅酒，雖然和當地的白
酒Trebbiano d'Abruzzo一樣，往往只被視為能有濃厚果味的結實紅
酒，很少被認真看待。但是用Montepulciano釀成，稱為切拉索洛
（Cerasuolo d'Abruzzo）的粉紅酒，倒是因為品種的深濃色澤、豐厚
果味，和可能的礦物質地，榮登義大利知名粉紅酒之一。另外，晚熟
又需要有溫暖氣候的Montepulciano，只要成熟，就是能兼備顏色、風
味和單寧的無敵大補丸，北方許多淡薄無味的葡萄酒，正是靠著混調
Montepulciano，才有表面的風味、顏色和結構。

　　足跡其實遍及義大利中南部的Montepulciano，不只在Abruzzo
最具代表性，也是北邊Marche的重要紅品種。依不同的產區規定，
Montepulciano往往會混調不同比例的山吉歐維榭。比方來自Marche沿
海，在Montepulciano種植北限的柯奈洛（Rosso Conero）產區，就因
為近海和較多石灰岩質土壤，讓酒出現罕見的優雅細膩質地。另一方
面，在Abruzzo的Montepulciano，則因更溫和的氣候，以及南北的不
同土壤結構、海拔高低，而有北邊因為更多黏土而顯得濃郁厚實；南
邊來自砂質土壤則更顯輕巧靈動。

Paolo Bea
Rosso de Véo

🍇 翁布利亞Montefalco地區
🍷 薩葛倫提諾（Sagrantino）
Ⓓ Umbria IGT
🍷 ❚❚❚～❚❚❚❚❚
Ⓢ $$$$
🍽 🍎🍎🍎～🍎🍎🍎🍎

Paolo Bea不只是遠自十六世紀已經世居當地的家族酒莊，今日仍維持相去不遠的生活方式，也是在農莊裡同時種麥、種菜，還讓以有機農法長成的果實經漫長培養後才推出上市的小生產者。Sagrantino特有的強勁單寧在時光荏苒後少了野性依舊鮮明，果味以外的複雜風味，更展現品種少見的深度。

Arnaldo Caprai
Collepiano

🍇 翁布利亞Montefalco地區
🍷 薩葛倫提諾（Sagrantino）
Ⓓ Montefalco Sagrantino DOCG
🍷 ❚❚❚～❚❚❚❚❚
Ⓢ $$$$
🍽 🍎🍎🍎～🍎🍎🍎🍎

在Caprai的所有酒款中，這是除了風乾甜酒外，最早以百分百Sagrantino釀成的不甜紅酒。和另款旗艦酒25 anni一樣都經約兩年法國橡木桶和半年瓶中培養，Collepiano在風格上似乎更優雅柔和，傾向在木桶帶來的香草風味外，還有飽滿柔順的黑色漿果及香料風味，伴隨均衡口感和結實酒體。

Bucci
Villa Bucci

🍇 馬爾凱Ancona地區
🍷 維爾第奇歐（Verdicchio）
Ⓓ Verdicchio dei Castelli di Jesi DOC Classico Riserva
🍷 ❚❚❚～❚❚❚❚❚
Ⓢ $$$
🍽 🍎🍎🍎～🍎🍎🍎🍎🍎

儘管在Bucci更基本款的Verdicchio dei Castelli di Jesi中，已有透過有機農法，少干預釀造打造出的無可挑剔飽滿果香、石灰岩般礦物質地、甜杏仁等豐富的乾果香氣，還在潤澤口感質地中有絕佳酸度保持均衡，有遠超過一般的水準。這款在用料選材上更精選，還經較長培養的酒，則是在風味質地的多元深厚，後味的綿延程度上，展現出Riserva應有的大將之風。更多的蜂蜜、奶油、花生等乾果風味，以及些許辛辣的質地，是體會品種潛力的不二選擇。

Garofoli
Podium

- 🔧 馬爾凱Ancona
- 🍇 維爾第奇歐（Verdicchio）
- Ⓓ Verdicchio dei Castelli di Jesi DOC Classico Superiore
- 🍷 ！！！～！！！！！
- Ⓢ $$
- 🍎 🍎🍎🍎～🍎🍎🍎🍎🍎

酒廠在研究葡萄園十年後才推出的單一酒款，企圖不使用木桶培養，仍然打造出經得起長期陳年的白酒風格。選用成熟葡萄，還經較長酒渣培養，不只有成熟果實帶來的杏仁和濃郁黃色水果，還有圓潤質地和堅實酒體，以及源自石灰岩質土壤的礦物質風味。

Aurora
Fiobbo

- 🔧 馬爾凱Ascoli Piceno地區
- 🍇 佩科里諾（Pecorino）
- Ⓓ Offida Pecorino DOCG
- 🍷 ！！！～！！！！！
- Ⓢ $$
- 🍎 🍎🍎🍎～🍎🍎🍎🍎🍎

Aurora是由五位好朋友在1970年代，於Marche南部率先倡議有機農業和自然釀造的先驅酒廠之一。包括混和紅品種釀成的Piceno Superiore在內的多款酒，都能充分感受自然無造作的純樸風味。這款混和部分在木桶發酵培養的Pecorino，充滿檸檬等柑橘類果香還有清新活潑酒體，是純粹且淡雅可愛的類型範例。

Emidio Pepe
Pecorino

- 🔧 阿布魯佐Teramo地區
- 🍇 佩科里諾（Pecorino）
- Ⓓ Colli Aprutini IGT
- 🍷 ！！！～！！！！！
- Ⓢ $$$$
- 🍎 🍎🍎🍎～🍎🍎🍎🍎🍎

以傳統風格聞名的Abruzzo老牌名廠，早就是依循有機和自然動力種植法的自然生產者。就連自2007年才開始挑戰的Pecorino，都希望打造成具其他名酒般的不凡陳年潛力。儘管我嘗到的2010年，只是酒廠的第一個年份。但是不同於輕巧淡雅型的Pecorino，Emidio Pepe已經有更稠密豐濃，更多黃桃、鳳梨，甚至水煮花生或乾果類的飽滿香氣。在結實的酸度外，有近似鹽分帶來的辛辣質地綿延良久，肯定是能在陳年後開啟Pecorino未知境地的酒款之一。

Valentini
Trebbiano d'Abruzzo

🔨 阿布魯佐Pescara 地區
🍇 阿布賽斯—特比亞諾（Trebbiano Abruzzese）
🏷 Trebbiano d'Abruzzo DOC
🍷 ❢❢❢～❢❢❢❢❢
💲 $$$$
🍴 🍎🍎🍎～🍎🍎🍎🍎🍎

要喝，就喝最好的（或最貴、最有名的）——對於Trebbiano Abruzzese來說，最簡單的策略，就是最有效的。像Valentini這種名廠，買到之後應該就不容易有其他問題。無可挑剔的酒質，享譽國際的名氣，居高不下的酒價，換來最嚴謹細膩，自然適切的種植，加上最簡單樸實，平凡無奇的釀酒方式。細膩、優雅，滋味和陳年潛力一樣豐富；前述名廠Emidio Pepe的酒也有近似的上乘表現。

De Fermo
Le Cince

🔨 阿布魯佐Pescara 地區
🍇 蒙鐵普奇亞諾（Montepulciano）
🏷 Cerasuolo d'Abruzzo DOC
🍷 ❢❢❢～❢❢❢❢
💲 $$
🍴 🍎🍎🍎～🍎🍎🍎🍎

Umani Ronchi
San Lorenzo

🔨 馬爾凱Ancona地區
🍇 蒙鐵普奇亞諾（Montepulciano）
🏷 Rosso Conero DOC
🍷 ❢❢❢～❢❢❢❢
💲 $$
🍴 🍎🍎🍎～🍎🍎🍎🍎

事實上，我花了很長時間掙扎，到底該推薦De Fermo還是Praesidium的粉紅酒，就像任何一家優秀酒廠，不同酒款都有相當水準，只不過在De Fermo透著粉色的輕盈Montepulciano裡，有足以讓人愛上此品種的迷人櫻桃，草莓風味和鮮潤口感。筆記上，我還罕見寫下「讓人精神為之一振」。同廠的Montepulciano d'Abruzzo Prologo，也有讓人能一見鍾情的絕佳滋味。

Umani Ronchi，是Marche早在1990年代已享有國際聲譽的知名酒廠，比較特別的是，這間由家族擁有的區內最大規模酒廠，還擁有數量龐大的葡萄園，支撐各種類型豐富酒款。來自種植北限又有較多石灰岩質土壤的Conero產區的Montepulciano，是其中最能展現品種迷人果味、優雅質地，還能有礦物質表現的品種範例。

Farnese
Casale Vecchio

🍇 阿布魯佐Ortona地區
🍷 蒙鐵普奇亞諾（Montepulciano）
Ⓜ Montepulciano d'Abruzzo DOC
🍷 ❢❢❢～❢❢❢❢
Ⓢ $$
Ⓦ 🍎🍎🍎～🍎🍎🍎🍎

創業二十年，從無到有發展成跨區酒業集團的Farnese，在產量龐大的眾多酒款中，最讓人印象深刻的，其實是最近才納入傘下的Basilicata釀酒合作社，Vigneti del Vulture旗下的Aglianico di Vulture Piano del Cerro。混和區內不同來源果實，經美國橡木桶培養，在濃郁的甜美果香和香料風味外，還有絕佳酸度顯得均衡柔和的這款酒，也能穩定展現品種基本樣貌。

Nicodemi
Notari

🍇 阿布魯佐Teramo 地區
🍷 蒙鐵普奇亞諾（Montepulciano）
Ⓜ Montepulciano d'Abruzzo Colline Teramane DOCG
🍷 ❢❢❢～❢❢❢❢
Ⓢ $$
Ⓦ 🍎🍎🍎～🍎🍎🍎🍎

位於Abruzzo目前唯一一DOCG產區的中心位置，Nicodemi葡萄園所在的Teramo，正是一般認為Montepulciano有飽滿豐厚表現的所在。目前接手的家族第二代Elena告訴我，他們更希望表現出品種優雅的一面。因此酒中除了常見的果味和香料、動物、煙草等風味，還能確實感受細質單寧和均衡酸度更添深度。

Praesidium
Montepulciano d'Abruzzo Riserva

🍇 阿布魯佐L'Aquila地區
🍷 蒙鐵普奇亞諾（Montepulciano）
Ⓜ Montepulciano d'Abruzzo DOC
🍷 ❢❢❢～❢❢❢❢
Ⓢ $$
Ⓦ 🍎🍎🍎～🍎🍎🍎🍎

就在多地震首府L'Aquila附近的Peligna谷地，也是專家心目中，因為較高海拔和山區農業，讓此品種有傑出表現的地區之一。以自然傳統方式種植和釀造的Praesidium酒廠，恰好也有傑出表現。這款發酵後還經兩年木桶培養的酒，除了有結實的單寧架構，還在常見的果味外，有豐富香氣和悠長質地，連粉紅酒Cerasuolo都有迷人的香料表現，整體風格質樸優雅。

Chapter

10

西西里

可能偉大

Grillo, Tasca d'Almerita, Nero d'Avola, Nerello Mascalese, Nerello
Cappuccio & Carricante

西西里人不管到哪裡,都仍是西西里人。即便在美國的電視劇裡,一旦有西西里人出現,都是像這樣:

「這位是馬倫提諾」,女人說。

「哇,馬倫提諾,所以你是義大利人?」說話的是看似猶太裔的男同志。

「西西里人」,馬倫提諾沒好氣地回答。

「嗯……有差嗎?」

「當然!」劇裡的馬倫提諾不只提高了音調,甚至憤憤地白眼。

就像義大利人都知道的,義大利並不是一個國家;他們也都知道,西西里,並不是義大利。儘管西西里和義大利之間或許有異多於同,也可能西西里其實就像迷你版的義大利;歌德仍然在十八世紀的《義大利之旅》裡寫下:「到義大利卻沒去過西西里,就不算到過義大利,因為西西里是連結一切的線索。」的確,因為從西亞經希臘傳

來的釀酒葡萄品種,不只早在西元前八世紀,率先登陸西西里,歷史更記載約在西元前二世紀,不同的葡萄品種才從西西里被帶往義大利半島,落腳在拿坡里(Napoli)等地附近。在那個年代,西西里已經是以甜酒聞名的葡萄酒產地;即便在今天,當地仍有種類豐富的原生品種,作為曾經有久遠葡萄種植歷史的遺跡。

甚至以葡萄酒的角度來看,西西里都像個縮小版的義大利。多元的地形氣候、數不清的原生品種、接近非洲的炎熱乾旱,還有長年積雪的火山口。歷史上數不清的外族統治,更讓當地人對土地的情感特別深厚。只要想像今天擁有Tasca d'Almerita的貴族家庭成員,竟然在十九世紀前往義大利北部的途中,得用拉丁文才能和當時其他的

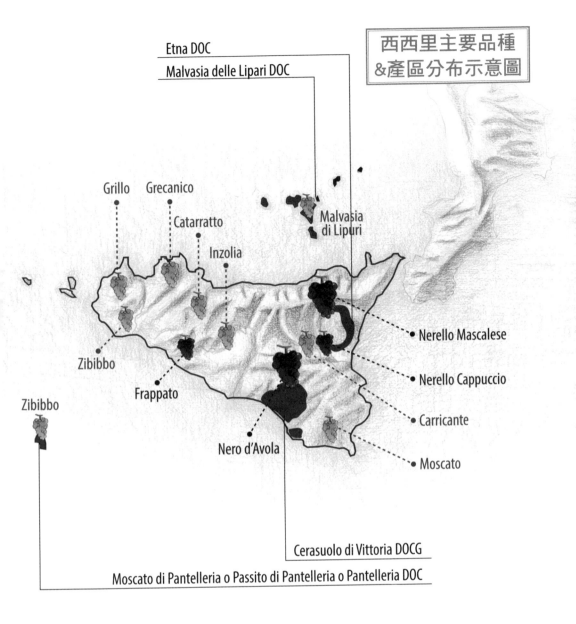

西西里主要品種 &產區分布示意圖

Etna DOC
Malvasia delle Lipari DOC

Grillo　Grecanico

Catarratto

Malvasia di Lipuri

Inzolia

Nerello Mascalese

Zibibbo

Nerello Cappuccio

Frappato

Carricante

Zibibbo

Nero d'Avola

Moscato

Cerasuolo di Vittoria DOCG

Moscato di Pantelleria o Passito di Pantelleria o Pantelleria DOC

「義大利」半島居民溝通就不難想像，實實在在的土地，或許是當地人用來忽略生命漂浮無常的必需品。

又一次踏上西西里，這次我從島上最西側的瑪薩拉（Marsala，也是同名的加烈葡萄酒，或稱酒精強化葡萄酒的產地）開始。由Marco De Bartoli創立的同名酒廠，不只頑強地仍以生產正統優質Marsala聞名國際（一種即將在下個章節出現，幾乎像是木乃伊的酒種），還是本書接觸的所有義大利酒廠裡，唯一一發出電郵就能奇蹟式地取得聯繫，還在最短時間內回覆的酒廠。

葛利羅（Grillo）

據說，幾年前辭世的創業老莊主Marco，明明是西西里人，卻不喜歡西西里人。他常說：「西西里島是全世界最重要的葡萄酒產區，只可惜島上住的是西西里人」。他也總感嘆：「西西里就是不願意改變」，於是，他持續進步改變，卻總被當地人當成不受控制的異議分子。老Marco尤其討厭西西里人普遍推托延遲的習慣，說大家做什麼總是：「不急、不急」，這位在繼承葡萄酒家業前一度是賽車選手的先生，即便已經離開人世，自家酒廠在各方面仍以飛快的速度領先。

老Marco幾乎憑著一己之力，才勉強讓Marsala維持在懸崖邊緣，沒有從此墜落消失。他以獨特的行事作風，成為堅持傳統的Marsala旗手，贏來國際酒壇的讚譽；但是在西西里，他卻因此惹惱當局，引來官司纏身，甚至好一段時間影響製造與販售。這使得今天掌管酒廠的第二代Renato De Bartoli，不但沒有名廠之後的養尊處優，反而是沉靜少言，甚至堅毅不屈，讓人聯想到西部電影裡的約翰韋恩（John Wayne）。這位從小看著父親背影長大的長子，也把：「西西里人太容易出賣自己，其中又以Marsala人為最」掛在嘴上。他甚至直言：「很多西西里島的生產者，根本不知道自己在做什麼」。幸好，他確實很清楚自己在做什麼。這使得De Bartoli旗下的酒款儘管類型眾多，從父親念茲在茲的經典Marsala，到西西里原生品種釀成的風乾甜酒、氣泡酒或紅、白酒，都嘗來均衡適飲，還能讓人充分感受品種的可能潛力。

而過去只拿來當做Marsala原料的Grillo品種，最讓我印象深刻。直到十八、十九世紀才在文獻出現的Grillo，據說是在根瘤芽蟲病害（phylloxera）後才用來取代卡塔拉托（Catarratto），一直以本島西部為主要產區。至於過去也曾用在Marsala調配的Catarratto，雖未有廣泛受到認可的偉大潛力，但有豐滿酒體，偶爾甚至能和夏多內有幾分神似，在百里香、鼠尾草等香草風味外，出現熱帶水果和奶油般的風味質地。孰料，近年的DNA鑑定竟發現，不被看好的Catarratto和北部用在蘇瓦維（Soave）裡，被認為是許多義大利白酒品種源頭的葛爾戈內戈（Garganega），有某種親子關係；就連如今被盛讚潛力無窮的Grillo，都被證實是西西里品種基比波（Zibibbo又名Moscato di Alessandria）與Catarratto之間，自然產生的後代混種。這讓Grillo的許多性質也找到合理的解釋，比方絕佳酸度或許來自Zibibbo，豐

潤又近似夏多內的那一面則感覺像是來自Catarratto。

　　老Marco當初也因為看上Grillo的鮮潤酸度、陳年潛力，以及能有高酒精的結實酒體，於是在試圖提升Marsala酒質的前提下，也在自家葡萄園廣種Grillo。等到Renato和弟妹們在1990年代加入酒廠後，不只老爸Marco開始拿Grillo釀成Marsala以外的一般餐酒，偏好香檳的Renato，也發揮家傳的實驗精神，將Grillo以傳統瓶中二次發酵的方式，開始做成氣泡酒。事實證明，Grillo有鮮明酸度和豐滿酒質，不只能釀成絕佳氣泡酒，連作為一般白酒，都有豐富的潛力——甚至普遍認為是義大利原生品種中，前途看好的少數新星之一。在實驗過程裡，Renato也發

現Grillo能在產量和產酒類型上很有彈性，於是在自家主要屬於砂土和石灰岩質土壤的平地葡萄園裡，Grillo會依照釀成酒種的不同，選用來自不同區塊的果實，並且在不同時期採收。例如用來釀成氣泡酒的，就因為希望保留更多清新酸度，通常早在八月就採收；釀一般白酒用的，則可能留待九月以換取最佳的風味和萃取。

　　但是在De Bartoli的陳年氣泡酒中顯得優雅細膩又鮮潤華麗的口感質地，不只因為Renato也像香檳酒廠那樣，會在氣泡酒以添加陳年酒液的方式增加深度；在他們Grillo裡伴隨結實骨架出現的鮮活酸度，也不只是因為酒廠掌握了最佳收成時機。事實上，Renato從2006年起，才終於有勇氣拋開過去在學校所學的概念框架，積極地走向有機栽培，還放膽以不易控制的非培養天然酵母發酵，才挖掘出更忠於風土的實在風味。於是，De Bartoli有充滿活力的氣泡和白酒，連2011年才種下的原生紅品種佩里蔻內（Perricone，別名Pignatello），都在鮮活的黑色漿果和咖啡甜香外，有輕柔單寧多汁味美。Grillo當初因為產量並不特別豐富，才未在西西里廣為種植，如今雖然能透過現代釀造技術，很容易地做成乾淨清爽，帶有檸檬和草香風味的宜人白酒。但在De Bartoli逐漸透出核果香氣，讓人感覺彷彿是夏多內，卻又比夏多內更靈動迷人且暗藏潛力，此時我才感覺到Grillo作為白酒品種，或許真有潛力無限。

Tasca d'Almerita

當我從西西里西南、日烈風強的潘泰萊里亞島（Pantelleria）重返首府巴勒摩（Palermo）時，在黑暗夜色迎接我的是計程車司機保羅——其實是計程車司機瑪麗，以及副駕駛座上瑪麗的兒子，保羅。這原是瑪麗夫婦的營生，父親驟逝便讓無所事事的兒子順理成章替補了位子。即便夜幕已經低垂，一旁的保羅，仍然以西西里式的英語和熱情，無視我的疲累，興高采烈地聊個不停。

「那天我本來接到一個生意」，他說，「有個澳

Marco De Bartoli
Grappoli del Grillo

🍇 西西里Marsala地區
🍇 葛利羅（Grillo）
Ⓓ Grillo Terre Siciliane IGT
🍷 !!!!～!!!!
Ⓢ $$
Ⓜ 🍎🍎🍎～🍎🍎🍎🍎

將曾經只用做Marsala的Grillo品種，拿來做成普通白酒，是已逝的上代老莊主Marco在1990年首開的先例。這款酒在鋼槽發酵後還經木桶培養和酒渣陳年，有絕佳水果風味伴隨豐潤飽滿的質地。逐漸透出的奶油、乾果芳香和清亮酸度，不只讓酒在現階段充滿生命力，更透露出瓶中陳年的潛力。

Tasca d'Almerita
Rosso del Conte

🍇 西西里Palermo地區
🍇 內羅達沃拉（Nero d'Avola）等
Ⓓ Contea di Sclafani Rosso DOC
🍷 !!!～!!!!
Ⓢ $$$$
Ⓜ 🍎🍎🍎～🍎🍎🍎🍎

這款以莊園內老藤內羅達沃拉（Nero d'Avola）為主要架構，依年份約混和三成其他品種（通常會是傳統上常用來和Nero d'Avola調配的原生品種Perricone，以及少量的卡本內或梅洛）釀成的名酒，是西西里早在1990年代已經揚名國際的酒款之一。濃郁的櫻桃芬芳、精巧的酸度，細膩且略顯砂質的Nero d'Avola單寧，以及綿延的巧克力後味，至今仍流露出純正西西里的甜美誘人。

洲女孩說要包車，說想要用兩天，但是她說她們要先去Agrigento、
Noto再到Siracusa，然後還要到Taormina、Trapani……」，「什麼？不
可能！」我沒想到自己居然還有尖叫的力氣。這可是面積只比台灣小
一些、還沒有高鐵的地中海最大島、義大利面積最大的區域！不只有
三千公尺高的埃特納火山（Etna）在東岸盤據，島上還有綿延不絕的
山脈丘陵阻絕交通。保羅顯然對我的反應相當滿意，「對啊，我也是
這麼說」，他得意地微笑，不知道是為了西西里的豐富遼闊，還是為
了我的激烈反應。

　　就連前往Tasca d'Almerita酒廠擁有的Regaleali莊園路上，開車的
Joni一上車都提醒：「這段路有點距離，妳應該OK吧！」經過由市區
道路、高速公路和鄉間小路組成的約兩小時路程後，最終現身的整片
山頭，就是由Tasca d'Almerita家族在義大利統一前的1830年已經擁有
的Regaliali莊園。這個在地圖上，幾乎落在西西里心臟位置的近五百
公頃莊園，或許曾在歷史上由古希臘人留下了釀酒葡萄；也很可能是

整片滿是葡萄園的山頭
及老樹葡萄園為Tasca
d'Almerita酒廠Regaleali
莊園所擁有。

由阿拉伯人稱之為「阿里的地方」才留下Regaliali的名稱。不過自從
十九世紀成為貴族資產後，周圍的村鎮居民都知道，接下來的生計，
全得仰賴這家貴族地主。

　　半島在中世紀後，就有許多貴族擁有大片莊園，西西里也只是承
襲同個傳統。據說當初貴族家買下這莊園，只是為了供給穀物和其他
農畜產品；就連莊園生產葡萄酒，都純粹是為了滿足佃農們每天必須
領「一斤麵包、一升酒」的糧食需求才起了頭（在當時的義大利，葡
萄酒幾乎是和麵包一樣的必須「食品」，義大利的葡萄酒文化也因此
深受形塑）。只不過二戰後，Tasca d'Almerita已經在家族成員的努力
下，率先引進先進的設備和技術，還有遠大的眼光，在其他人都還想
著要怎麼生產更多時，早就思考該怎麼做得更好，才在義大利葡萄酒
開始起飛的年代，搶先成為攻占國際市場的西西里葡萄酒表率。

　　於是，這些大剌剌占據數個山頭，介於海拔四百至八百公尺高的
葡萄園，不只被酒廠種了五十種以上的原生和國際品種，還在經仔細
研究不同地塊的土壤構成後，以幾乎有機的方式，讓分處不同海拔的
土質各異葡萄園，找到最適地適所的品種。事實上，Tasca d'Almerita
在西西里各地共擁有五個莊園，不只在這裡開始嘗試以天然酵母進行
部分酒款發酵，其他莊園也將更激進的自然動力種植法納入實驗。

　　Regaleali莊園擁有的高海拔位置，似乎確實讓這裡的酒，表現出
地中海型氣候罕見的細緻風味和清爽酸度。不只像Tasca Regaleali這類
誕生於1950年代，年產量超過百萬瓶的基本白酒，都有均衡口感和淡
雅礦物質風味，維持穩定的水準；幾款以調配而非單一品種打造出的
歷史名酒，則像是以不變的風貌在訴說，西西里人千百年來對土地的
眷戀依然如舊。

內羅達沃拉（Nero d'Avola）

在Tasca d'Almerita工作的Joni，是為愛來到西西里的異國女子。就在從Regaleali返回Palermo的路上，竟然連這位外國人都提供了不知道是我聽到的第幾個，西西里人自己在家做酒也賣酒的例子。好像這座島的上空，籠罩著一種「人人皆可釀酒賣酒」的自由空氣：似乎只要有自己的一方地，任一名西西里島（甚至義大利中南部）居民，都會種點自己吃的東西（包括葡萄），釀點自家用的酒（亦即一斤麵包，一升酒的概念至今在某些地區仍然根深蒂固）；一旦酒量不夠大，親友不夠多，他們就會很習慣開著小貨卡，一路往北想辦法賣掉自家酒。因為連外國人Joni的西西里男友家中的老父親，至今仍是如此釀酒賣酒，還樂此不疲。

不過就像島上最受歡迎的紅酒品種：內羅達沃拉（Nero d'Avola），一旦被種在不同環境，也會很容易微調性格，從而展現不同的口感風情。創立Gulfi酒廠的Vito Catania，就是這樣一個從小被帶離西西里，從來不覺得有必要回歸鄉里，反而是在巴黎、米蘭過得如魚得水的「北方人」。直到回返故里的老父親辭世，這些人才像是憶起了血液裡流淌的西西里，讓他就這麼湊巧，回到了恰好是Nero d'Avola最佳產區的南部故里——拉古薩（Ragusa）附近。

Nero d'Avola，是因為能有豐富產量、強健結實酒體、均衡的酸

度和飽滿單寧,同時還能討喜地有黑色漿果、黑李、紫羅蘭,乃至於
巧克力般的香甜口感,而在西西里廣為種植,還身兼名氣最大、最受
歡迎的紅酒品種。事實上,喜歡乾燥炎熱,能承受多鹽土壤還有大產
量的Nero d'Avola,不只廣受葡萄農的歡迎,還因為釀成的酒往往飽
滿色濃,成為許多西西里其他產區調配紅酒中,用來強化酒質的重要
元素。

　　這個在西西里幾乎無所不在(只有在東岸的Etna火山附近比較吃
癟)的品種,甚至有專屬的混淆誤用,足以證明角色吃重。比方卡
拉布列色(Calabrese)是目前官方實際登記的主要名稱,但是更多專
家卻認為,更廣為使用的Nero d'Avola,應該才是有憑有據的葡萄正
名;至於Calabrese,則很可能只是在一連串將方言簡略之後衍生的誤
稱。

　　幸好,不管叫什麼名字,Nero d'Avola香甜依舊。隨著西西里
酒業歷經上世紀末的國際投資和國際品種熱潮之後,大家如今反而
對Nero d'Avola的陳年潛力、演繹不同風土的能力,都有更深入的理
解。例如來自高海拔地區的Nero d'Avola,就被認為色澤淺淡、有更
多礦物質風味;來自較低海拔或較熱的區域,則能表現出更深濃的風
味和結構。例如在Gulfi以有機種植和少干預釀造製成的不同酒款中,
來自不同產區的Nero d'Avola,就確實依種植區域的各異風土,有明
顯風味差異。例如種在Ragusa以西的維多利亞之切拉索洛(Cerasuolo
di Vittoria)DOCG產區,就有輕巧的紅莓、花香,淡雅的甘草、巧克

力，甚至有能搭配海鮮的活潑輕盈。至於種植在西西里島最南端，乾燥、酷熱，夏季高溫動輒達攝氏40度，但也因此被稱為是「特級葡萄園」的帕基諾（Pachino）Nero d'Avola，則由1960、1970年的老樹果實，展現出品種更豐厚、甜美，在偶爾的鹹味和燉肉風味外，還充滿香料芬芳，同時具備陳年潛力的那一面。

　　有趣的是，1995年才因為繼承父親的一方農地，在毫無相關經驗背景的情況下，大舉投資建起酒廠，還大幅擴張了葡萄園的Vito Catania，當初卻在創廠之初，就找到了志同道合的知名釀酒顧問Salvo Foti，還在這位出身東岸卡塔尼亞（Catania），醉心於火山葡萄酒研究的顧問建言下，不只在Etna火山附近也購置了生產當地品種的葡萄園，甚至還把源自Etna，一般往往也只種在附近的白品種卡利坎特（Carricante），都罕見地搬到酒廠據點的Ragusa附近，種到海拔四百公尺的山丘葡萄園。沒想到這些Carricante離開了熟悉環境，不只仍有迷人的檸檬、柑橘類水果，甚至連鮮明的酸度、礦物質風味等表現，都不亞於傳統的Etna產區。雖然如果要追尋Carricante的源頭，勢必還是得橫越西西里前進東岸，然而透過這款產自Ragusa附近的Carricante，品種其實已經證明，自己身為西西里傑出白品種的驚人實力。

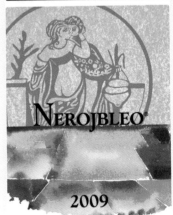

Nerrojbleo

🍇 西西里Ragusa地區
🍷 內羅達沃拉（Nero d'Avola）
Ⓓ Sicilia IGT
🍷 ❘❘❘～❘❘❘❘
Ⓢ $$
Ⓗ 🍎🍎🍎～🍎🍎🍎🍎🍎

雖然沒有像來自Pachino的單一葡萄園酒款Nerosanlore那樣的濃郁豐厚，但是Gulfi產自Cerasuolo di Vittoria區域的Rossojbleo和Nerojbleo，卻是更能讓人一喝就愛上Nero d'Avola的代表酒款。相較於設定在更簡單、易飲，未經木桶培養卻迷人可愛的Rossojbleo，經過一年木桶培養的Nerojbleo，則是以標準的櫻桃、巧克力香氣及甜熱口感，十足展現品種特色。

奈類羅—瑪斯卡萊瑟（Nerello Mascalese）、奈類羅—卡普裘（Nerello Cappuccio）&卡利坎特（Carricante）

　　不論是釀紅酒用的內類羅—瑪斯卡萊瑟（Nerello Mascalese）、內類羅—卡普裘（Nerello Cappuccio）還是製白酒用的卡利坎特（Carricante），這些世居在Etna附近的品種，在我看來，竟和他們的生產者之間，不乏相似之處。他們幾乎都在進入二十一世紀前後，才逐漸被認識接受；他們也都在很短的時間內就被認定，其實具備「偉大」的潛質。

　　但是西西里的紊亂失序，卻往往來得毫無預警。明明過了和Alice Bonaccorsi約好的見面時間，也過了被告知會晚到的時限，我卻還在空等；好不容易終於抵達的，竟是精神抖擻、和樂愉悅的酒廠一家四口。原來，對這些見慣Etna熔岩漫流的當地人來說，送孩子去上學竟遇到學校水管爆裂淹水而必須被迫停課好幾天，全然不是需要憂心的重點。我不禁猜想，土生土長的Alice，或許正是因為來自這樣的環境，才有不流俗的勇氣，堅持釀出有自己風格的酒。

世居Etna的Alice Bonaccorsi（左二），在夫婿Rosario（右一）以及兩個女兒的支持下，才走上今天自然小農的道路。

　　Alice Bonaccorsi家族在Etna旁世居好幾代，家裡早年也和所有人家一樣，在Etna周圍滿山遍野的葡萄園裡，有一方自家葡萄園。照她夫婿Rosario的說法是：「只要看得到橘子樹，旁邊一定有塊葡萄園」。Alice行醫的父親，也像其他當地人，並不介意同時也釀點酒。不過自從謹慎細心又專科學農的她在1996年開始回家幫忙之後，事情就變得相當不同。她在1997年推出的第一個年份就大受歡迎，從此Alice在Rosario和一雙女兒的支持下，添購了更多葡萄園，還

靠著所受的農學訓練，成為以自然農法和少干預釀造備受矚目的Etna生產者之一。Rosario回想起他們剛起步時，Etna的酒廠數目還只是一隻手就能數完；甚至就在幾年前，即便是在火山旁的大城卡塔尼亞（Catania），都還沒幾個人知道他們位於Etna北部的酒廠根據地——藍達佐（Randazzo）小鎮——到底在哪裡。如今，不只Etna的葡萄種植者和生產者數目雙雙暴增，Randazzo成為火山葡萄酒愛好者必至的朝聖景點，甚至連酒的流行，都開始從本世紀初由紅酒獨占鰲頭，逐漸轉為近年白酒也越受歡迎。

　　或許是因為當地的Etna白酒主要品種為卡利坎特（Carricante，至少占六成，在Superiore等級中則至少八成），確實有鮮明的風味、陳

右上　Etna因為多次噴
　　　發而有礦物質含
　　　量豐富的火山砂
　　　土。
左　　Alice Bonaccorsi
　　　以Etna為背景的
　　　葡萄園。

年的潛質，還能抵抗當地嚴酷的種植環境。這種能同時有高酸和低酒
精的品種，不只能捱得住連Nerello Mascalese都很難生存的超高海拔
火山岩壁，還在風味上也有稜角分明的酸度和豐富礦物質；年輕時所
表現的檸檬、柑桔類等清新花果香氣，甚至能在經過長期陳年後，一
轉成為儼然成熟麗絲玲般的汽油風味。甚至在除了有老樹強化特質的
Etna之外，新種的Carricante即便在西西里南部的Ragusa，都能有傑出
表現；就連Alice聽從釀酒顧問建議而採用的長期酒渣接觸釀法，都
讓品種不但能維持本質，還更增添豐厚內涵，確實有潛力讓人很難忽
視。

　　至於同樣世居當地，往往相互支持，一起調配成Etna紅酒的
Nerello Mascalese和Nerello Cappuccio，則是讓我很難不聯想到性格和
體型都顯得互補的堅毅Alice，以及她風趣討喜的夫婿Rosario。就算被
種在Etna海拔高達一千公尺的葡萄園都能存活的Nerello Mascalese，雖
然可以在多風、寒涼，還有明顯日夜溫差的環境下緩慢成熟，表現出
純粹優雅的酸櫻桃等漿果風味，還有結實單寧和飽滿酸度，如實反應
細微的風土差異；但是Nerello Mascalese卻缺少誘人的深濃色澤甚至
偶爾顯得太過嚴肅──恰好是Nerello Cappuccio能迎刃而解的兩大難
題。不過在Alice眼中，能有成熟櫻桃，還帶著菸葉、香草植物，也具
備礦物質的Nerello Cappuccio，卻因為沒有Nerello Mascalese的堅實、
細緻，而可能在單飛時顯得輕薄、樸野、醜態畢露。

　　只不過，她的這種看法，並不容易在當地達成共識（就像任何
事情在義大利）。理由是，當專家在近期開始實地研究才發現，這
些直到十九世紀才出現文字記載，號稱Nerello Cappuccio的葡萄當
中，事實上只有約兩成是真正的Nerello Cappuccio（類似的情況在義
大利各地都屢見不鮮）；其他則多半是長期被混淆誤認的山吉歐維

榭或卡麗娘（Carignano）品種。甚至在區區的兩成裡，都還有許多Nerello Cappuccio自然產生的性質相異變種。所以，儘管目前Nerello Mascalese作為品種的潛力已經廣被認可，但是對於在Etna紅酒裡至多能占比兩成的Nerello Cappuccio，或許還需要進一步全面驗明正身，才能確定品種是否有乞丐變王子的可能。

另一方面，一致受到好評的Nerello Mascalese，除了已知是山吉歐維榭和出身卡拉布里亞（Calabria）的高酸高單寧白品種：白曼托尼可（Mantonico Bianco）自然產生的後代（因此和Calabria的重要紅品種Gaglioppo屬於同一家族出身的手足），還被認為和潛力白品種Carricante，也可能有某種血緣關連。但我忍不住猜想，無論是在種植和釀造的難度，或在酒款的優雅細膩表現上，都常被拿來和黑皮諾相提並論的Nerello Mascalese，到底是因為先天的名門血統，後天的獨特環境，又或者投身釀酒生產者作出的重大抉擇，才成為今日贏來眾口交譽的偉大品種？

Alice告訴我，她認為Etna是因為火山活動而造就的各異火山砂土、位於高海拔的嚴酷環境葡萄園，以及眾多高齡老樹，才是讓低產量果實能保持濃郁風味，同時表現出她心目中性格獨具又有優雅風格的酒款基礎。的確，不管是從他們近期才收購的廢棄Palmento（當地用來製酒的傳統「酒窖」，內部往往設有石磨和石造酒槽等古老的基礎釀酒設備），還是如今使用的工作酒廠，都找不到太多高科技涉入的蹤影；使得在她酒中由Nerello Mascalese和Nerello Cappuccio共譜出的優雅圓滑，甚至在Carricante中透過長期酒渣接觸培養出的濃郁豐厚，都看似渾然天成。然而，我在幾天後，到了西西里東北角的梅西拿（Messina），遇到Bonavita酒廠年輕的Giovanni Scarfone之後才確

當地傳統的酒窖Palmento，內部仍可見石磨和石造酒槽等古老的基礎釀酒設備。

Bonavita酒廠的
Giovanni，酒如其人，
在他的Faro紅酒裡也能
感受到清新迷人的鮮潤
活力。

定，當地這些可能古老的品種，之所以能
在不算長的十多年間突然異軍突起，除了
種種適切的當地風土，被留棄又因緣際會
被重新發現的高齡老樹，它們一直在等待
的，其實可能是正確的人。

Giovanni看來約莫三十出頭，是在
西西里島東北角Messina附近，名為法羅
（Faro，義為燈塔）的DOC小產區裡，
目前總數約五位生產者的其中之一。這
個和Etna一樣是以Nerello Mascalese和
Nerello Cappuccio為主軸（不過Faro的品
種調配比例更有彈性，較常見的是以六成
Nerello Mascalese搭配二至三成的Nerello
Cappuccio，與約一成的當地品種：諾切拉
Nocera）釀成的紅酒，據說過去曾是名列
西西里最受歡迎紅酒之一的名酒。但是自
從二十世紀初的一場大地震讓Messina幾乎全毀之後，儘管市區陸續更
新重建，但是那些葡萄園所在的鄉村田野，卻有很長的一段時間，因
為人口外流而只是任其荒蕪。

就在這些位於西西里島東緣，緊鄰著Messina海峽的Faro葡萄園就
要消失殆盡的1980年代，當時義大利知名酒評家Luigi Veronelli為了想
留住這片產區，因此邀集名釀酒顧問Donato Lanati，以及在當地擁有
許多老樹葡萄園的Palari酒廠一起合作釀酒。兩者的心血結晶在1990
年代推出沒多久，就被Veronelli譽為是可以比美頂級布根地Romanée-
Conti的傑作。於是，Faro才緩緩地駛離從義大利葡萄酒地圖上消失的
悲慘路線。不過，我沒有過問，在學完葡萄種植後於2006年才推出第
一個年份的Giovanni，之所以選擇投身葡萄種植和釀酒，和這件事有
無關係。

因為就算拋開這一切，我都已經難以相信，為什麼眼前這位充滿
活力的年輕人願意成天埋首在葡萄園裡做最單純辛苦的農作，還能以
最誠懇的態度，最充滿熱情的眼神，告訴我那是全天下最令人愉悅，
最讓他樂在其中的事。幸好不只我有這樣的想法，他笑說，連他的朋
友，都難以理解為什麼他會才二十出頭，就對其他的事興趣缺缺，一
心只想如何當好農夫，如何釀出好酒。原來，Giovanni從小看著在銀

行工作的父親，每到公餘也一頭栽進祖上傳下來的一方田地，樂此不疲地種葡萄、釀酒。在他的小小心靈裡，父親的背影讓葡萄農成為他唯一嚮往的夢幻工作，更棒的是，如今他竟可以天天和父親一起照顧家裡不到三公頃的葡萄田，用最傳統、自然的方式，讓葡萄的生命和活力，都轉化在自家的酒裡。

Giovanni認為，Faro不只有距海至近的葡萄園（比方他的葡萄園就位在距海只三公里、海拔三百公尺，一塊有森林屏障南部熱空氣襲來的北向葡萄園），比鄰近的Etna受更多海洋影響；在土壤結構上，也有從自家偏石灰岩質黏土到鄰居家含更多砂土的細微變化；除此之外，當地連葡萄品種都很引人入勝。比方在Nerello Mascalese和Nerello Cappuccio以外，如今在調配中只是配角的Nocera，不只是過去在Faro調配中曾占有更重要位置的潛力品種，許多專家甚至認為，憑著Nocera的飽滿結構和酸度其實已經足以單獨裝瓶。從酒如其人的Bonavita Faro紅酒裡，我感受到迷人的鮮潤活力，雖然並未讓我以為

自己喝的是Romanée-Conti，但確實有一瞬，我感覺自己彷彿是在品嘗優雅的布根地。

在我結束西西里旅程後，曾經有人問我：「你認為Etna有可能是下一個偉大產區嗎？」儘管對於該如何丈量偉大，我沒啥頭緒。但是獨一無二的風土，性格絕妙的葡萄，甚至兼有這兩者的組合，在地球上的其他許多地方，其實並不罕見。唯獨要在兩項因素以外增添的，還有真正「樂在農作」的人，願意年復一年、日復一日，不但維持熱情不滅，還能隨經驗增加而願意點點滴滴日日精進，那麼很有可能，假以時日，我們才會赫然發現，這些看似平常簡單的，原來已經默默地成了極不尋常而偉大的一部分。

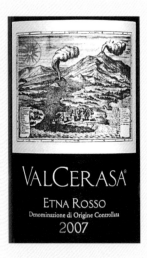

Alice Bonaccorsi
Valcerasa Etna Rosso

🍃 西西里Etna地區
🍇 奈類羅─瑪斯卡萊瑟（Nerello Mascalese）、奈類羅─卡普裝（Nerello Cappuccio）
🆔 Etna Rosso DOC
🍷 ▽▽▽～▽▽▽▽
💲 $$
🌐 ❦❦❦～❦❦❦❦

將種植在海拔七、八百公尺間，平均樹齡約在四十年左右的老樹果實，以傳統的八成Nerello Mascalese搭配兩成Nerello Cappuccio調配釀成的這款酒，有讓人聯想到Etna山風的俐落性格和純淨明亮。小巧的莓果甜香伴隨些許香料風味，清新酸度和飽滿單寧構成悠長結尾，均衡風味更讓14.5度的酒精全然不覺厚重，肯定能在更長的品飲時間中施展出更多豐富變化。

Bonavita
Faro

🍃 西西里Messina地區
🍇 奈類羅─瑪斯卡萊瑟（Nerello Mascalese）、奈類羅─卡普裝（Nerello Cappuccio）、諾切拉（Nocera）
🆔 Faro DOC
🍷 ▽▽▽～▽▽▽▽
💲 $$
🌐 ❦❦❦～❦❦❦❦

我所嘗到的2011年酒款，不只是按Faro傳統調配的六成Nerello Mascalese、兩成Nerello Cappuccio，加上一成Nocera比例釀造，還經過舊木桶的十六個月培養和近兩年的瓶中培養，最終在奔放濃郁又不失優雅的各種紅色莓果、花香、丁香等溫暖香料風味外，還有絕佳酸度和清晰細質單寧，讓人聯想到布根地紅酒。

Cos
Cerasuolo di Vittoria Classico

🍃 西西里Ragusa地區
🍇 內羅達沃拉（Nero d'Avola）、弗拉帕托（Frappato）
🆔 Cerasuolo di Vittoria DOCG
🍷 ▽▽▽～▽▽▽▽
💲 $$$
🌐 ❦❦❦～❦❦❦❦

按產區法規，必須混和內羅達沃拉（Nero d'Avola）品種和弗拉帕托（Frappato）釀成的Cerasuolo di Vittoria，品種比例可以是前者五至七成，其餘則搭配剩餘品種。至於在馳名的自然派老牌酒廠Cos，則是讓兩種葡萄以六比四的比例混釀，讓酒既有Nero d'Avola帶來的飽滿堅實結構，還兼具Frappato的纖細香氣和甜美性格。

Chapter
11

甜酒

甜蜜人生

Moscato d'Asti, Passito & Vin Santo, Marsala, Passito di Pantelleria,
Malvasia delle Lipari

是開始也是結束;或者說是結束也是開始。這不只是甜酒在義大
利葡萄酒中所扮演的角色;還是這趟義大利葡萄酒行旅的終極感
言。有人認為,甜酒,其實才是所有葡萄酒類型裡,最具義大利
特色的酒種。因為在這些氣候溫暖,葡萄很自然能有豐富含糖量的地
方,就算只是放任不管,葡萄都很容易變成葡萄乾,即便是發酵完的
葡萄酒,也常因為殘留糖分,自然而然成了甜酒。另一方面,這些靴
子國的居民性嗜甜點,偏好甜味,熱衷於追求享樂的甜蜜人生,更是
一如人生來嗜甜的習性,幾乎是演化上無可扭轉的自然傾向。比方在
西西里或南義,一大早就用鬆軟的Brioche麵包配冰沙,或者把堆得山
一樣高的卡諾利(Cannoli,西西里代表甜點,裝滿Ricotta甜奶糊的管
狀酥餅)毫無抗拒地當早點的當地人,都只在透露一個訊息:一日之
計在於甜。對他們來說,甜頭,顯然得從早嘗起。

於是,在義大利各地,不只無處不產甜酒,甚至連甜酒能橫跨的

在西西里或南義,當地
人很習慣一大早就把卡
諾利(Cannoli,西西里
代表甜點,裝滿Ricotta
甜奶糊的管狀酥餅,圖
左)或鬆軟的Brioche麵
包配冰沙(圖右)當早
點。

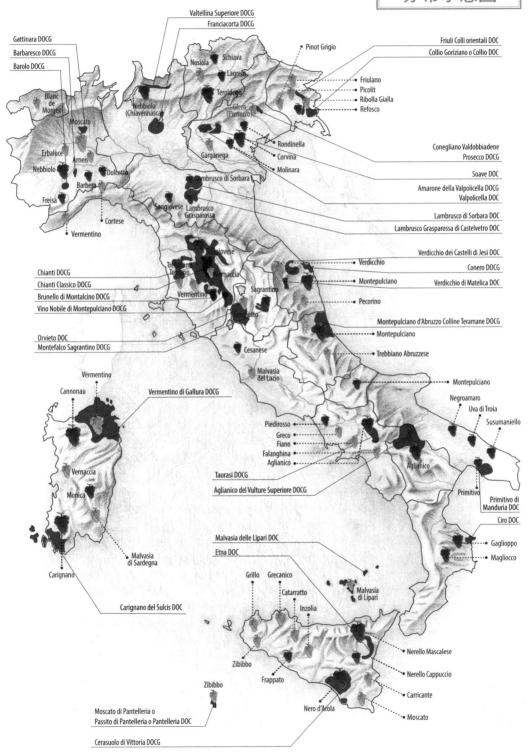

主要品種&產區
分布示意圖

Valtellina Superiore DOCG
Franciacorta DOCG
Pinot Grigio
Friuli Colli orientali DOC
Collio Goriziano o Collio DOC
Gattinara DOCG
Barbaresco DOCG
Barolo DOCG
Nosiola
Schiava
Lagrein
Friulano
Teroldego
Picolit
Ribolla Gialla
Refosco
Blanc de Morgex
Nebbiolo (Chiavennasca)
Glera (Prosecco)
Moscato
Conegliano Valdobbiadene Prosecco DOCG
Erbaluce
Garganega
Rondinella
Corvina
Molinara
Soave DOC
Nebbiolo
Arneis
Dolcetto
Amarone della Valpolicella DOCG
Valpolicella DOC
Barbera
Freisa
Lambrusco di Sorbara
Lambrusco di Sorbara DOC
Lambrusco Grasparossa di Castelvetro DOC
Sangiovese
Lambrusco Grasparossa
Cortese
Vermentino
Verdicchio dei Castelli di Jesi DOC
Sangiovese
Verdicchio
Conero DOCG
Trebbiano Toscano
Vernaccia
Montepulciano
Verdicchio di Matelica DOC
Chianti DOCG
Chianti Classico DOCG
Brunello di Montalcino DOCG
Vino Nobile di Montepulciano DOCG
Vermentino
Sagrantino
Pecorino
Grechetto
Montepulciano d'Abruzzo Colline Teramane DOCG
Orvieto DOC
Montefalco Sagrantino DOCG
Montepulciano
Cesanese
Trebbiano Abruzzese
Malvasia del Lazio
Vermentino
Cannonau
Vermentino di Gallura DOCG
Montepulciano
Negroamaro
Uva di Troia
Susumaniello
Piedirosso
Greco
Fiano
Falanghina
Aglianico
Vernaccia
Aglianico
Taurasi DOCG
Aglianico del Vulture Superiore DOCG
Primitivo
Primitivo di Manduria DOC
Monica
Ciro DOC
Malvasia di Sardegna
Malvasia delle Lipari DOC
Etna DOC
Gaglioppo
Magliocco
Carignano
Grillo
Grecanico
Catarratto
Inzolia
Malvasia di Lipari
Carignano del Sulcis DOC
Zibibbo
Frappato
Nerello Mascalese
Nerello Cappuccio
Carricante
Zibibbo
Moscato di Pantelleria o
Passito di Pantelleria o Pantelleria DOC
Nero d'Arola
Moscato
Cerasuolo di Vittoria DOCG

顏色、類型，都能有紅有白，從氣泡到風乾、加烈無所不具。這些在甜度和風味上都大異其趣的甜酒，有以清爽白花和柑橘香氣，展露微甜口感讓人從早餐開始就能欣然接受的Moscato d'Asti；也有風味厚重豐滿、質地如漿似蜜，還有餘味綿延不絕，能在餐後讓一場盛宴達到最高潮的聖酒Vin Santo。然而，通過此次行旅我卻發現，要釀出讓人飲來絲滑濃郁、毫不費力的甜酒，往往需要釀酒人付出最大心力，都不一定能企及。比方好的Marsala需要時間；釀成豐滿的Passito需要對的葡萄和適切天候；就連以絕美Vin Santo聞名的Isole e Olena酒廠的Paolo De Marchi，雖然鍾情於這種酒一旦入槽培養就只能交付大自然的「無從做起」概念，但是天知道那些風乾葡萄在入槽之前，是如何得從葡萄園開始斤斤計較每一個基本動作，才有日後讓「大自然」揮灑成傑作的軼材。

這些我所遇到的靴子國民，甚至讓我覺得，他們之所以特別享受甜酒，或許並不像表面上只是想早嘗甜頭。也許是因為早參透生命中的種種艱難處境，才總是一有機會，就想給無法處處順遂的人生，多斟幾杯能帶來歡笑、能沖淡眼淚，能時時刻刻提醒人生依舊美好，能給大夥兒打氣加油的甜酒！

阿司堤之莫斯卡托（Moscato d'Asti）

來自西北部Piemonte地區，Asti一帶的Moscato葡萄酒——這不只是Moscato d'Asti所代表的意思，還幾乎是義大利式甜蜜人生（La

Dolce Vita）的同義詞。
只要能有一瓶真正上等的
Moscato d'Asti，那輕巧
迷人的柔順氣泡；濃郁芬
馥的葡萄、橙花甜香；甜
中有酸的均衡口感；幾乎
能讓人忘卻天地間的種種
憂煩，單純地沉浸在愉悅
舒暢的溫柔感官體驗裡。
Moscato d'Asti兼有香甜
口感和清爽氣泡這兩項葡

萄酒最討喜的特質，幾乎像是純潔又帶著笑的嬰兒，無論在何時何地
都人見人愛。但是用來釀這種酒的白莫斯卡托（Moscato Bianco）葡
萄，雖然能釀成備受歡迎的五花八門類型，足跡也幾乎遍及義大利，
唯獨對葡萄種植者來說，卻是一種需要讓人格外費心的問題品種。

　　香甜容易長蟲的Moscato Bianco，其實是歷史悠久，傳承龐雜的
複雜葡萄家族：Moscato的成員，也是很教葡萄農頭痛的晚熟品種。
在這個大家族裡，還有許多分別被稱為某某Moscato的品種，隨著接
續的名稱不同，不只在果實顏色上有從黃、粉紅、紅、黑色的分別，
風味特徵也有細微差異。在家族裡輩份頗高的Moscato Bianco，又
是在義大利數量最多、分布最廣的重要品種，甚至在法國（被稱為
Muscat Blanc à Petit Grains）都是種植規模相當龐大的重要品種。

　　這些Moscato Bianco曾在歷史上被釀成不同類型，歷經十四世紀
威尼斯，因為供不應求而必須遭到限制出口；在十七世紀托斯卡納的
Montalcino，更是遠比今日紅酒寵兒Brunello更受歡迎的珍稀名酒。但
是真正讓Moscato Bianco成為全義大利最令人無法抗拒的葡萄酒，卻
是在北部Piemonte，因為在十九世紀引進法國的瓶中二次發酵法，才
催生今天又香又甜的Asti氣泡酒，以及更量少質精的Moscato d'Asti微
氣泡酒。

　　由於Moscato Bianco的逼人香氣，往往會在種到Piemonte屬於泥
灰岩質黏土的最適土壤時，得到更進一步的升級。於是，為了保存葡
萄品種本身濃密的葡萄和花果香，這些果汁往往會經酒槽發酵保存氣
泡和新鮮香氣，再刻意留下部分糖分，就能成為有「裝瓶葡萄」美譽
的Asti甜味氣泡酒。只不過，由於Asti的生產數量相當龐大，不容易展

現品種精緻細密的那一面。當名為Moscato d'Asti的微氣泡酒，在規模較小的酒廠、以最佳產區中量更少質更精的Moscato Bianco製成時，這些酒精濃度和瓶內氣壓都更低（多數酒精濃度只在5至6％左右，瓶中氣壓則約為Asti的三分之一，因此一般多以軟木塞封瓶，而不像氣泡酒使用金屬瓶蓋）的Moscato d'Asti，就能以微微氣泡搭配更細膩的香氣口感，展現品種最迷人精巧的那一面（雖然酒中留有更高糖分，喝來卻沒有Asti偶現的甜膩）。能像是輕風拂面那樣，帶來芬馥香氣和淡雅酸甜口感的Moscato d'Asti，不只是搭配各種巧克力以外淡味甜點的最佳午茶用酒，還是少數能從早餐就開始享用的葡萄酒選項之一。畢竟，關於甜蜜人生，還是有許多人認為該從早開始！

Ceretto (I Vignaioli di Santo Stefano)
Moscato d'Asti

🍇 皮蒙Santo Stefano Belbo地區
🍷 白莫斯卡托（Moscato Bianco）
Ⓓ Moscato d'Asti DOCG
🍷 ❗❗～❗❗❗
Ⓢ $$
Ⓜ ♨♨～♨♨♨

Caudrina
La Selvatica

🍇 皮蒙Castiglione Tinella地區
🍷 白莫斯卡托（Moscato Bianco）
Ⓓ Asti Spumante DOCG
🍷 ❗❗～❗❗❗
Ⓢ $$
Ⓜ ♨♨～♨♨♨

由於Ceretto酒廠的創始人——1930年代出生的Riccardo Ceretto正好就誕生在本村。因此要在這最適合種植Moscato Bianco的區域，找到最佳葡萄園以及合作夥伴，就容易多了。實際上，Ceretto特別強調香氣品種，尤其需要狀態絕佳的葡萄，還要嚴格選果才能有好品質。於是，這酒不只總能飄散迷人的白花、葡萄、柑橘、玫瑰等香氣，還有均衡可愛的易飲口感，讓台灣人成為全世界最愛飲這款酒的外國消費群。

屬於石灰岩質黏土土壤的Castiglione Tinella地區，一直以來都是有Moscato Bianco特級葡萄園之稱的絕佳種植地。這家早在1970年代率先產出這類酒的先驅酒廠，至今仍有立地位置絕佳的老樹，風味濃郁的果實，來支撐酒款的豐富風味。綻放濃郁葡萄和花果香氣的酒液，雖然甜味明顯，但整體仍有均衡口感，清爽宜人。

風乾葡萄酒＆聖酒（Vin Santo）

對領土有一半以上被地中海圍繞的義大利來說，溫暖氣候造就的成熟葡萄，不管是不小心被留在樹上風乾，或者採摘後才經曝曬或風乾；讓葡萄變成葡萄乾，讓未發酵完的糖分留在酒中變成甜酒，基本上都是不需在樹下苦思發明，只要在太陽底下睜大眼睛，就理所當然途徑。特別是這自古流傳下來的濃縮技術，不只能讓釀成的酒質更穩定，在過去糖分還是奢侈品的年代，甜酒更能在葡萄酒因酒精所導致的喪失心神愉悅之外，因為額外的糖分更強化歡愉，是以備受歡迎。如此一來，不但遠在西元前八世紀已經留有完整的風乾葡萄酒釀製技術，聽起來合情合理；就連在古希臘後，這些技術不但一路相傳到羅馬帝國，甚至遠在帝國滅亡後，曾經的帝國領土上都依然留有風乾葡萄酒，自然也就不讓人訝異。

讓葡萄經風乾使風味和糖分都更濃縮的作法，就像是葡萄酒裡的高級訂製服（Haut Couture），往往需要耗費數倍的時間、工序，也因此更高價還罕見稀有。不光只是風乾葡萄，就需要依氣候條件和風乾方式不同（比方在天氣更熱的離島或南部常用日曬，往中部或北部則多用風乾法），耗時從數周到數月；就連用來風乾的葡萄，都必須是精選低產量的最佳品質葡萄，才能讓風乾後還有濃縮風味和糖分，集結在最終少量卻濃郁芳香的汁液裡。這些幾乎是從葡萄乾裡好不容易榨出的汁液，甚至連發酵的過程，都可能因為高濃度而比一般葡萄酒更耗費光陰；時間，於是也成為造就這類酒的重要美味元素。

這些在義大利各地，分別以不同的葡萄品種，按著大同小異方式製成的風乾葡萄酒，當然，都按義大利的邏輯，有完全不同的名字。比方Vin Santo、Passito、Recioto、Sforzato（或稱Sfursat），雖然全是風乾葡萄酒，但往往不能通用。可以是來自任何產區的Passito，是一般最廣泛使用的「風乾葡萄酒」；至於產自東北部唯內多附近

Avignonesi酒廠目前掌舵的比利時籍女老闆Virginie Saverys和西班牙籍的夫婿Maximiliano。

的，則因為過去這些酒往往需取葡萄串上段，受日照最多的最成熟——稱為葡萄「耳朵」的部分釀製，因此有了源自「耳朵」（orecchio）的Recioto稱號（比方Recioto di Soave、Recioto di Valpolicella）；字面上帶有「強化」意義的Sforzato（或稱Sfursat），僅限於稱呼西北部Lombardia一帶的同類（比方Sforzato di Valtellina）。至於在義大利中部托斯卡納一帶，這些據說在中世紀的宗教儀式中已經扮演重要地位的風乾葡萄酒，則不只因此有了「聖酒Vin Santo」的稱號，還在傳統的甜味版本外，也有（通常不值一提的）不甜版本；連酒的類型，都能在以白酒為主的同時，也有點紅的。

以Vin Santo來說，儘管使用的品種，可以是混和Trebbiano和Malvasia等白葡萄釀成的Vin Santo白酒，也可以用山吉歐維榭混和其他（依產區可為紅或白）品種，釀成稱作「鵪鶉之眼Occhio di Pernice」的Vin Santo紅酒。但是葡萄品種在此卻並非重點；事實上，Trebbiano和Malvasia，都是義大利葡萄家族裡，成員最多元複雜，被張冠李戴也最不計其數的；就連在難得扮演主角的Vin Santo裡，此處用的托斯卡—特比亞諾（Trebbiano Toscano，Trebbiano家族中的重要成員之一）都並非因為品質突出才受到青睞，而是因為晚收卻仍有絕佳酸度的特性，才讓Trebbiano Toscano能在Malvasia帶來的結構以外，成為風乾甜酒中的另一風味支柱。

但是一般人如果到了托斯卡納突然神性大發，也想來點聖酒，那麼在觀光客數量幾乎可比恆河之砂的當地，不管是在遊客大量出沒的景點，還是只有當地人聚集的小餐館裡，隨性遭遇的絕大多數Vin Santo（特別是那些被當成紀念品販售的）大概都只能寡淡無趣，連拿來沾杏仁餅（當地傳統的搭配法）都只能勉強入口，和那些「真正的」Vin Santo更是相距千里。比方我有幸在十年前嘗到的一杯開瓶已經一星期，卻依舊豐濃複雜、芳香四溢，質地濃到幾乎得以「膏」而非「漿」來稱呼的Vin Santo——由最具代表性的名廠Avignonesi製成的1988年Vin Santo紅酒Occhio di Pernice，就是貨真價實的瓊漿金液。

不過，當年記憶中那杯色澤直比濃茶，在少許雪莉類的氧化風味外，還有儼然川貝、烏梅，混和多種草藥馨香，又不時散發焦糖風

味，在口中帶有乾果後味，儼然濃縮糖漿的東西，和這次實際造訪酒廠時所嘗到的1999年Occhio di Pernice，又截然不同。因為這家創立於1970年代的酒廠，不只在2009年從創立的Falvo家族，轉手給目前的比利時籍女老闆Virginie Saverys，這位曾在巴黎受教育的前法律專業人士，還在接手後很短時間內，先是施行有機農法，接著更不顧所有人的反對，毅然決然地將數量龐大的葡萄園，全面改以自然動力種植法。實際和Virginie接觸，更能感受這位本身只吃有機食物，把種菜也當做嗜好，還在花園裡栽培數十種不同番茄的酒廠女主人，是如何打從心裡相信，環保、自然確實是自己的責任和義務。

在這樣的理念下，今天的Avignonesi不只有講究現代化和合理化的經營團隊；由國際菁英組成的釀酒軍團，引進最先進的概念和設備；還有追求優雅自然的Virginie親自在每日工作現場仔細把關。儘管以酒款的表現來說，相較於需要經長期木桶培養的Vin Santo，如今應該是從酒廠優雅柔順且豐富質地中感覺溫暖細緻的Vino Nobile di Montepulciano，更能發現近年種種轉變所帶來的明顯不同。不過對於Vin Santo這顆曾是酒廠皇冠上最閃亮的寶石，Virginie仍然是按著相傳的一貫方式來釀製，只是稍微多加了點控制。

比方這些釀Vin Santo的葡萄，至今仍和過去一樣，必須從所有葡萄中精選出品質最佳的兩成，採收後隨即被平鋪在木匣或吊掛，在風乾室經約五個月風乾，待減掉約七成水分後，才榨出最終約一成五的寶貴汁液進行釀造。濃稠的葡萄汁接著會置入容量只有五十公升的小木桶中，以每四十三公升葡萄汁搭配兩公升陳年酵母（每家酒廠都有自家的陳年酵母）的方式，讓酒在仍留有部分空間的木桶裡開始緩慢發酵。一旦開始發酵，這些木桶就會被密封起來，直到完成培養，才

不同於南方或離島烈日區域往往選擇直接曝曬，氣候較多變的中部或北部則更常見在室內風乾葡萄。

Avignonesi的Vin Santo儲酒庫，傳統上隨著每一桶的位置，可能受環境不同影響而出現明顯風味差異。

能打開這些經蒸發後餘下的珍貴液體（時間依產區和類型，可以從較短的三年到四、五、六、八，甚至本廠的十年）。這些在其他小酒廠，可能只有一、兩桶產量的稀有液體，在像Avignonesi這樣的名廠，還因為數量較大，而需要再經混調，才進行最終的除渣，裝瓶並在瓶中培養後上市。傳統上由於這些酒在木桶中並不會打開也不補酒，因此讓Vin Santo往往帶有特殊的氧化風味，甚至隨著每一桶所放置的位置不同，都可能受外在環境的影響而有明顯的風味差異。

對某些世居當地的生產者而言，Vin Santo這種過去專門用來招待貴客以示尊敬的酒，儘管做起來費時費工，卻是當地不可或缺的悠久傳統。比方能把Vin Santo做得討人喜歡的Fontodi酒廠的Giovanni Manetti告訴我，Vin Santo在當地，過去是連沒有葡萄園的家族都要專程買葡萄來自釀，好拿來炫耀釀酒技術的玩意兒。Giovanni笑說，對他而言，持續生產Vin Santo的重要原因，其實是如果他不做就會惹惱他母親，所以怎麼都得繼續下去。也有像Isole e Olena酒廠的Paolo De Marchi這樣的傑出生產者，認為Vin Santo的精神，正在於裝桶之後只能完全交給大自然，而不受人為控制的「渾然天成」。不過在Avignonesi，Virginie似乎並不自滿於過去酒廠的「渾然天成」，認為在漫長的培養期，還有更多照料管控的可能。只不過，對這些需要漫長時光才能成就的古老酒種，不只Virginie的種種想法和努力，都需要至少另一個十年後，才有機會品嘗感受，至於今日嘗來顯得摩登鮮活的1999年Avignonesi的Vin Santo，則像是一部酷炫的時光機器，能以豐富的滋味和綿長餘韻，將所有人帶回葡萄酒世界的美好侏羅紀。

Fontodi
Vin Santo

托斯卡納Greve in Chianti地區
山吉歐維榭（山吉歐維榭）、馬
爾瓦西亞（Malvasia）
Vin Santo del Chianti Classico DOC

♟ ‼‼～‼‼‼
$ $$$
🍎 🍎🍎🍎～🍎🍎🍎🍎🍎

真的要感謝Giovanni的媽媽，讓大家仍然有機會品嘗到地方上
最精巧的傳統技藝。選用紅、白品種各半來做的Manetti家Vin
Santo，通常會經過至少七年的小木桶培養，才造就兼有紅葡萄
優雅絲滑質地，又充分表現白葡萄清爽酸度和乾果香氣的美味
綜合體。

Isole e Olena
Vin Santo

托斯卡納Castellina地區
馬爾瓦西亞（Malvasia）、托
斯卡-特比亞諾（Trebbiano
Toscano）

Vin Santo del Chianti Classico DOC
♟ ‼‼～‼‼‼
$ $$$$
🍎 🍎🍎🍎～🍎🍎🍎🍎🍎

我喜歡Paolo De Marchi對Vin Santo的滿懷崇敬，認為這是一種
無法以人工雕琢，因為不能「做」而反而最能表現年份原貌，
也因此顯具意義的酒。但是天知道他得先在葡萄園裡花多少努
力，才能讓經過八年小桶培養，以六成Malvasia搭配Trebbiano的
酒液，能呈現出我在2005年酒中喝到的各種鮮活濃郁的果香和
瑰麗綿長的酸度。

Avignonesi
Vin Santo

托斯卡納Montepulciano地區
馬爾瓦西亞（Malvasia）、托
斯卡-特比亞諾（Trebbiano
Toscano）

Vin Santo di Montepulciano DOC
♟ ‼‼～‼‼‼
$ $$$$$
🍎 🍎🍎🍎～🍎🍎🍎🍎🍎

豐富又鮮明潤澤的濃郁水果，杏桃果乾、焦糖、核果、香料等
的甜潤滋味，再加上無比濃稠滑順的質地，飽滿的酒體結構，
讓甜味顯得清爽宜人的均衡酸度，綿延不絕的悠長餘韻。這些
罕見地經過十年小木桶培養的瓊漿，無論紅白其實都有同樣讓
人著迷的魔力，剩下的只是能買到哪種的運氣而已。

瑪薩拉（Marsala）

　　整個瑪薩拉（Marsala）的故事，說來其實尷尬且令人感傷。首先，就類型來說，這甚至不屬於甜酒，而該是和葡萄牙的波特、西班牙的雪莉，屬於同一種酒精強化葡萄酒（fortified wine）。但是和波特、雪莉這些雖然狀況已經大不如前，仍勉強侷促一隅酒款的不同在於：Marsala更是氣若游絲，儼然是只要拿掉呼吸器就很可能從此道別的葡萄酒「植物人」。

　　和葡萄牙的波特、西班牙的雪莉一樣，Marsala產自西西里島西岸，不只都是為了英國人而發展出的酒精強化葡萄酒，也都以生產這種酒的城市為名，在十八、十九世紀風靡一時的葡萄酒類型。根據如今還產出絕佳Marsala的代表酒廠：Marco De Bartoli酒廠的Renato的說法，其實早在號稱「發明」Marsala酒的英國商人John Woodhouse於1773年抵達當地以前，Marsala已經像西西里的其他村鎮，有自己的葡萄種植和釀造傳統，也有類似西班牙的solera陳釀系統。只不過一切都是以非常「西西里」的方式進行，意指當地人從來只是將新釀的酒添到仍存有舊酒的木桶，讓古酒持續生生不息。

　　不過卻是這位意外抵達的英國商人，喝出了當地酒和雪莉、波特的相似之處，於是他添加白蘭地來穩定酒質，還把西班牙的solera系統完整地引進當地。果然，這些巧思讓Marsala在英國大受歡迎；在隨後的百餘年間，Marsala甚至成為西西里，乃至於全義大利最享譽國際的名酒。Marsala曾在十九世紀造成風潮，卻在二十世紀的大蕭條和戰事紛擾下失去市場，也失去了曾有的榮耀。餘下的苟且和貪婪，更讓不少當地人繼續以偷工減料造就更一落千丈的質量。曾經的市場榮景

成為難以重現的奇蹟，Marsala也從不可一世的名酒，淪落為只活在甜點食譜上的瀕危物種。

　　如果不是有Marco De Bartoli酒廠已故莊主老Marco的一意孤行，現在我們所說的這種酒，或許早被埋葬在葡萄酒公墓的某塊墓地。不過我仍然不解，為什麼老Marco執意在Marsala早已奄奄一息的1970、1980年代，當市場幾近消失，多數生產者更短視近利地以種種取巧的手段，讓Marsala成為甜膩無味，只剩下做甜點的唯一出路之際，還要費盡心力重現這早被忘卻的酒。接掌家族事業的大兒子Renato淡淡地說：「應該是忘不了家族傳統吧」。原來老Marco的雙親，都是出身Marsala名廠的望族，這位名廠之後生不逢時，從小耳濡目染的，都還是Marsala全盛時期的種種榮景。誰知道到了這位學農的專家終於可以大展身手之際，Marsala卻因為太多不肖業者的自甘墮落，淪為只是甜點食譜上的料理酒。Renato強調，在Marsala的黃金年代，酒質高下幾乎就等同於產酒家族的名望高低，大家都會相互競爭，希望能以優質的酒品為家族贏來聲譽。

　　聽到這裡，我才似乎理解，曾經以賽車手的身分在競賽場上技壓

群雄的老Marco，為什麼寧願賭上酒廠的生計，還心心念念這早已沒
人在乎的酒，他甚至從Marsala各地找來許多被陳上數十甚至上百年
的「古董」Marsala，試圖為這些酒液貫注新生命。於是，在今天De
Bartoli幾種不同類型的Marsala裡，不只當年老Marco為了提升品質而
選種的葛利羅（Grillo）葡萄，能在最自然的種植方式下，有絕佳的
品質；用來加烈的，也都是自家風味濃郁的果汁和白蘭地，而非簡便
取巧，可能稀釋原酒風味的濃縮葡萄汁。那些別處往往用添加焦糖或
煮過葡萄汁來增色，營造出的長期陳年假象，在這裡則是扎扎實實，
讓酒在只有昏黃燈光點亮的儲酒窖裡，毫不儉省地揮霍大把光陰。

Renato甚至堅持非得等到了儲酒窖，才回答許多關於Marsala的問
題；昏暗中他緩緩吐出：「你知道嗎，時間才是Marsala最珍貴的原
料。」是以在今天的De Bartoli酒款中，有像Vecchio Samperi這樣，以
重現英國人抵達前的Marsala傳統，完全不經加烈，只透過長期培養的
solera方式，讓酒液因為混和年份及至少二十年以上的培養，自然蒸
發為能有17度酒精，且依然帶有濃縮果乾和乾果綿延香氣，還維持絕
佳均衡的傳統Marsala類型經典。也有以加烈的新鮮和陳年酒液調配，
在複雜豐富的氧化滋味外，仍帶有乾果、水果，以及柔滑細膩質地的
甜美汁液。

當年老Marco的不辭辛勞，讓酒廠今日得以揉合過去和現在，持
續催生出美味的Marsala；我到訪的這一天，湊巧是老Marco逝世的三
週年忌。在De Bartoli層層疊疊有豐富滋味的酒裡，我不只喝到了一個
足以將酒引以為傲的家族，也意識到，儘管Marsala這酒款類型或許已
經氣若游絲；但是De Bartoli酒廠的Marsala，卻是不管叫什麼名字，
都能氣力十足地讓人嘗出西西里的深厚底蘊。

Marco de Bartoli
Marsala Superiore Riserva 1987

🔨 西西里島Marsala地區
🍇 葛利羅（Grillo）
Ⓜ Marsala Superiore Riserva DOCG
🍷 !!!~!!!!!
Ⓢ $$$
Ⓓ 🌢🌢🌢~🌢🌢🌢🌢🌢

酒名中的1987，指的是經過漫長培
養後酒終於加烈的年份。這些在不
同大小木桶組成的solera系統中，
經過至少二十年漫長培養的酒液，
經過以原廠葡萄汁和白蘭地加烈
後，讓酒能在帶有明顯甜味的同
時，還具備濃郁複雜的乾果香氣，
無與倫比的柔滑均衡多酸口感，質
地細膩而且餘味悠長。

潘泰萊里亞島風乾甜酒（**Passito di Pantelleria**）

　　Passito，沒什麼特別，不過就是在義大利許多地區都能找得到的風乾葡萄甜酒；但是潘泰萊里亞島（Pantelleria）可就不同。那是位在西西里島西南，更靠近非洲的突尼西亞，因為烈日、強風而聞名，甚至因此得名（源自阿拉伯語的島名Pantelleria，意即風的女兒）的面積八十三平方公里火山小島。

　　基本上，有近八成都屬於國家公園的Pantelleria，是一座只屬於不讓路的狗，慵懶的貓，無所事事的老人與小孩的島嶼。偏偏有些好事者，例如沒在唱歌跳舞的瑪丹娜（Modonna）、沒在畫設計圖的服裝設計師亞曼尼（Giorgio Armani），也會偶爾來島上，體驗一下不同於日常的遺世獨立苦日子。連距離只在百公里外的西西里人，比方總部設在Marsala的Donnafugata酒廠的老莊主，當初都是因為和老伴慶祝銀婚，才在1989年因緣際會到此一遊。孰料這位當時和妻子結褵二十五年的男人，一到這連路燈和路標都很罕見的孤島，不過才第二天，對葡萄園的興趣已經大過對太太的興趣。只在島上隨性轉轉，他居然就相中因為耕種和維持都困難至極因而遭廢棄的葡萄園；這位先生隨即決定租下葡萄園和生產設備，從此細心撫養起日後讓酒廠聲名鼎盛的風乾甜酒——「風之子」（Ben-Ryé正是同義之阿拉伯語）的海島之子。

　　儘管歷史上曾有許多不同族裔先後來到Pantelleria，但是島上用風乾葡萄產的甜酒，卻直到十九世紀末都還沒去到外地。小島上的釀酒品種，也因曾經的阿拉伯統治，還停留在基比波（Zibibbo，源自阿拉伯文，代表葡萄乾或風乾葡萄，別名Moscato di Alessandria）。事實上，Zibibbo已被證明是由古老的Moscato Bianco和其他品種所生的

右　Pantelleria島上因獨特生長方式和環境而名列世界文化遺產的Alberello Pantesco，指的是當地以稱為alberello的樹狀姿態生長的葡萄。

自然變種，這種常見於許多地中海小島上的品種，或許也因為島上的惡劣環境，被訓練成所有Moscato裡最耐熱耐乾，甚至最能抵擋島上強風的一個。連在風味表現上，Zibibbo少見其他Moscato同類的輕盈淡雅、花果芬芳，而有更多果醬、糖漬水果，無花果乾、葡萄乾等濃縮風味，彷彿非得如此，才能抵擋環境中迎面而來的種種艱難。

因為釀製風乾葡萄甜酒，本已是極度耗時費工的精巧手藝；當這件事情還發生在環境艱困到家家戶戶幾乎都得自給自足的Pantelleria，就如同把困難的針線活，拿到沒有燈光的暗室裡進行。在Donnafugata距海只有四百公尺的葡萄園裡，以旁若無人姿態張揚的是因獨特生長方式和環境而名列世界文化遺產的Alberello Pantesco——島上特有的葡萄種植方式。以稱為alberello的樹狀姿態恣意伸展枝幹、死勁生根的葡萄，在義大利許多地方都能看到，但是在Pantelleria島上，在那些必須由人工挖掘出的火山熔岩砂土坑裡，深入地底的高齡Zibibbo，當初卻是靠著匍匐在地面的低矮姿態，才能在當地兼有酷熱和強風的獨特環境，免於受橫掃歐洲的根瘤芽蟲病侵襲。在今日以蘆草築起的防風牆遮擋之下，這些葡萄更因此能免受多鹽的海風，百毒不侵。

有鑑於島上不同地塊之間的些微風土差異，Donnafugata也隨著這些酒的廣受歡迎，陸續添購更多地處不同區域的葡萄園。只不過，不管這些葡萄園是在近海的平地或高海拔的內陸區，不只所有繁瑣的農事均須以人工進行，連在夏季強風酷暑下，在會反射高溫的火山岩上，分數次進行的採收都必須全以人工施作。部分葡萄，其實得在收成後繼續在烈日強風下曝曬數週，期間還得經翻面、去梗，直到縮成風味更濃，糖分更高的葡萄乾；才能分批加入更晚收、直接拿來搾汁的葡萄裡，得到最終香飽色濃，充分展現 Zibibbo葡萄柑橘甜香，還有清爽酸度的風乾葡萄甜酒。

不管是在發燙的火山岩上進行農事，從砂堆裡翻出成熟的葡萄

由於島上的環境惡劣，因此Pantelleria的艱辛農活往往要仰賴自外地進口的農工。

收成，在風乾過程中翻面去梗，讓一公斤的葡萄最終變成兩百五十公克的葡萄乾，全都得靠人工。偏偏在Pantelleria這個必須自給自足，電力供給像壞天氣一樣突如其來、轉瞬即逝的島上，並沒有太多搶著做這些苦工的人（這可是讓在島上待了九年的退休瑞士銀行家，家裡至今都還沒電的島嶼）。於是，就連來自Marsala的名廠——也在島上做出絕佳Passito的De Bartoli家的

左　Donnafugata的女莊
主José Rallo和酒廠
的資深工作人員。

弟弟Sebastiano，都用Marsala人的角度，看到Pantelleria人性格中，和強悍 Zibibbo的相似之處：「他們是全世界最糟的人，既封閉、又愚蠢，完全不想幫忙，很難在他們當中找到親切的人」

　　但是，在最終的酒裡，Pantelleria的Zibibbo，卻像是給太陽晒掉了壞脾氣，只剩下無盡的甜美豐腴。於是，Passito di Pantelleria總是有濃郁的水蜜桃、杏桃香氣，金黃色的濃厚汁液，更能讓人感受到糖漬柑橘，蜂蜜和葡萄乾一波一波的甜香來襲。這時，我會想起在Donnafugata酒廠裡，有著堅毅臉孔的一位位農工。那些為了贏來人生中的甘甜濃郁，而不惜在一個惡劣艱難，一年有兩百八十天都多風的地方，年復一年，日復一日和Zibibbo持續奮鬥，贏來先苦後甘的臉孔。

Donnafugata
Ben-Ryé

🍇 西西里Pantelleria地區
🍷 基比波（Zibibbo）
💯 Passito di Pantelleria DOCG
🍷 ❗❗❗❗～❗❗❗❗
Ⓢ $$$
🍷 ♨♨♨♨～♨♨♨♨

儘管金黃色汁液才開瓶就充滿水蜜桃和杏桃的濃縮香氣，還在蜂蜜、無花果乾的風味外，有酸甜均衡口感和綿長餘韻，這卻比我記憶中多年前品嘗到的Ben-Ryé似乎更柔和淡雅，少了點曾經的濃厚稠密。女莊主José Rallo也坦承，由於許多人「建言」說酒太濃稠，因此才在降低風乾葡萄的風乾日數後，還增加了新鮮果汁的比例，打造出今天以四分之三的風乾葡萄，仍顯清新可喜的摩登風格。

麗帕里之馬爾瓦西亞（**Malvasia delle Lipari**）

　　如果把西西里看做是塊餅乾，我正打算從餅乾的一角，乘船前往周圍的幾粒餅乾屑——在西西里東北，統稱埃奧利群島（Aeolian Islands，或因最大島Lipari，而被統稱為麗帕里群島Lipari Islands）裡的薩利納島（Salina）；只不過想在春天前往這些小島，可不像隨手抹掉嘴角的餅乾屑那麼容易。幾小時前我還在約四十公里外的梅西拿（Messina），等待直通Salina的一天一次船班，孰料天候不佳竟讓船班毫無預警喊停。在民宿老闆的建議下，我搭上滿載西西里人的悠緩巴士，到船班更頻繁的米拉佐（Milazzo）試試運氣。其實我也不很清楚，到底為什麼我非得去那列為世界自然遺產的Aeolian火山群島之一。只是記憶裡依稀記得，曾經只嘗過一次的Hauner酒廠的Malvasia delle Lipari Passito，確實在當時讓我體驗從未在其他酒裡經驗過一些相當迷人的什麼。

　　那些迷惑人的，可能是在初次體驗的暈淘淘氣氛下，顯得特別清新雅緻的風乾甜酒風味。那些濃郁質地全不讓人覺得厚重，明明偏高的酒精卻感覺清靈可人，微風般拂來的香氣就像是兒時最喜歡的，素樸的花生奶油夾心的甜香，我甚至懷疑是因為這些近似古早甜麵包的香氣，才讓我對這款酒留下莫名的深刻記憶。事實上，這些用來釀酒

的麗帕里之馬爾瓦西亞（Malvasia di Lipari）葡萄品種（釀成的酒款名
稱則是以不同前置詞出現的Malvasia delle Lipari），不只是用來釀成
甜酒的品種中，少數能顯得清新靈巧、甜得鮮活宜人的；還是在歷史
悠久而且成員豐富的Malvasia葡萄家族下，遠自西元前一世紀已經有
生產歷史的古老支系。

　　但是不只曾在十四到十七世紀盛極一時，還隨著威尼斯商人四
處遠征的Malvasia，早就不見幾百年前的紅紅火火，只留下檸檬、柑
橘類的濃香依舊；就連長期偏安西西里，以致於生長習性都和其他
Malvasia有明顯不同的Malvasia di Lipari，也差點不見天日，直到Carlo
Hauner這位出身米蘭的畫家。1960年代他對這些島嶼一見鍾情，還在
Salina創立Hauner酒廠開始釀起了酒，他的Malvasia di Lipari Passito在
1980年代開始大出鋒頭，讓一度曾被遺忘的葡萄和酒又迎來吉凶未卜
的新局。

　　同樣吉凶未卜的，還有艱難的行程。儘管到了Milazzo，我卻只
能在海風和海鳥的陪伴下，枯等一班又一班取消的船班。就在落日
裡，當天唯一的選擇是航向群島中最大島Lipari的船班（也是酒名中
的Lipari，但我的目的地其實是種植葡萄和產酒的Salina島）。船公司
櫃檯小姐很親切地說：「如果運氣好，明天應該就會有船從Lipari到
Salina」。「如果不好呢？」她只是聳聳肩，給了個微笑。終於，在
月色籠罩下，我登上並非目的地的Lipari。

　　隔天，港邊偶有風雨、偶爾風平浪靜；只可惜在船員眼中，看
到的卻是截然不同的風景。於是，所有想乘船的人，都在船隻預定出
發的三十分鐘前，一次次等待，又一次次落空。在Lipari島上，當所
有計畫都落空，我只能從Fenech的Malvasia delle Lipari Passito裡找尋

慰藉。瓶中傾瀉而出的淺金色液體,飽滿濃郁又優雅的杏桃和蜂蜜香氣,間或傳來的白胡椒或香木香料,甚至末了的橙花和柑橘清芬,都異常地深刻清晰。在這樣的日子,這些生長力並不強,卻唯獨在火山土壤上能有傑出表現的Malvasia di Lipari葡萄,似是以品種罕見的複雜和深度在提醒,原來島上的葡萄農們,也必須戰戰兢兢,隨時接受大自然的不同挑戰。我開始懷疑,恰好都以生產Passito聞名的小島,難道都是因為有更多機會面對生命中的不可測,才湊巧都願意費時費力去產出這些唯美夢幻的液體;不過有一點我很確定,自從嘗了passito以後,好運果然又找到了我。

Hauner
Malvasia delle Lipari Passito

🍇 西西里Salina地區
🍷 麗帕里之馬爾瓦西亞(Malvasia di Lipari)等
Ⓓ Malvasia delle Lipari Passito DOC

🍷 ❗❗❗～❗❗❗❗
Ⓢ $$$
🍎 ⭐⭐⭐～⭐⭐⭐⭐

儘管創建酒廠的Carlo Hauner已在1990年代辭世,今天酒廠仍由家族成員持續經營。在本地通常以Malvasia di Lipari占九成五的調配比例中,還會混有極少量被認為可能和山吉歐維樹有某種親戚關係的黑柯林托(Corinto Nero)品種。採收後的葡萄會在經數週風乾期後,就榨汁並在溫控酒槽開始釀造。總長約兩年的酒槽和瓶中培養,讓酒能在杏桃乾、蜂蜜的濃密滋味外還有細膩香料風味。

Fenech
Malvasia delle Lipari Passito

🍇 西西里Salina地區
🍷 麗帕里之馬爾瓦西亞
   (Malvasia di Lipari)等
Ⓓ Malvasia delle Lipari Passito
   DOC

🍷 ❗❗❗～❗❗❗❗
Ⓢ $$$
🍎 ⭐⭐⭐～⭐⭐⭐⭐

Fenech酒廠的Francesco Fenech是當地人,他們也和島上其他當地人一樣,直到Malvasia delle Lipari在近幾十年的流行風潮以前,並沒想過這種東西可以裝瓶出售,而是直接從酒窖裡的木桶裡賣出自家酒。不過流行風潮顯然帶來了許多影響,今天的Fenech不只添購了葡萄園,還為酒廠申請了有機認證,重要的是,瓶中只經風乾榨汁釀成的甜酒,不只有濃郁飽滿的滋味,還有動人層次。

中義名詞對照
產區、酒類、地名與其他相關名詞

以下內容
義大利文
真人發音
https://goo.gl/ZTHnEM

產區

 A

· 阿布魯佐 Abruzzo
· 埃奧利群島 Isole Eolie
· 吾爾圖雷之阿里亞尼科 Aglianico del Vulture
· 阿爾巴 Alba
· 阿爾圖阿第杰 Alto Adige
· 安科那 Ancona
· 亞平寧山脈 Appennini
· 阿斯堤 Asti

 B

· 巴巴瑞斯柯 Barbaresco
· 巴多里諾 Bardolino
· 巴里 Bari
· 巴羅鏤 Barolo
· 巴西里卡達 Basilicata
· 保格利 Bolgheri
· 波隆那 Bologna
· 波扎諾 Bolzano
· 布林迪西 Brindisi
· 蒙塔奇諾之布魯內羅 Brunello di Montalcino

 C

· 卡里亞里 Cagliari
· 卡拉布里亞 Calabria
· 坎帕尼亞 Campania
· 卡雷瑪 Carema
· 卡提茲 Cartizze
· 蒙特城堡 Castel del Monte
· 卡斯泰利迪耶西 Castelli di Jesi
· 卡塔尼亞 Catania
· 切拉索洛 Cerasuolo d'Abruzzo
· 維多利亞之切拉索洛 Cerasuolo di Vittoria
· 奇揚替 Chianti
· 古典奇揚替 Chianti Classico
· 威羅 Cirò
· 可利歐 Collio/Collio Goriziano
· 科內里亞諾－瓦爾多比亞代內 Conegliano-Valdobbiadene

 D

· 多利亞尼 Dogliani
· 多洛米蒂山脈 Dolomiti

 E

· 艾米里亞－羅曼亞 Emilia Romagna
· 埃特納火山 Etna

 F

· 法羅 Faro
· 阿維林諾之菲亞諾 Fiano di Avellino
· 翡冷翠 Firenze
· 塔那洛河 Fiume Tanaro
· 凡嘉果塔 Franciacorta
· 弗里烏利·可利·歐利恩塔利 Friuli Colli Orientali
· 弗里烏利－維內奇亞朱利亞 Friuli-Venezia Giulia

 G

· 葛盧拉 Gallura-Vermentino di Gallura
· 葛提那拉 Gattinara
· 嘎比 Gavi
· 蓋美 Ghemme
· 圖福之葛雷科 Greco di Tufo

 I

· 依弗西亞 Ivrea

 L

· 加爾達湖 Lago di Garda
· 藍布思柯 Lambrusco
· 卡司第威卓之藍布思柯·格拉絲巴羅莎 Lambrusco Grasparossa di Castelvetro
· 索巴娜之藍布思柯 Lambrusco di Sorbara
· 朗給 Langhe
· 拉奎拉 L'Aquila
· 拉齊歐 Lazio
· 利古里亞 Liguria
· 麗巴里 Lipari
· 倫巴第亞 Lombardia

 M

· 麗巴里之馬爾瓦西亞 Malvasia delle Lipari
· 馬爾凱 Marche
· 亞得里亞海 Mar Adriatico
· 伊奧尼亞海 Mare Ionio
· 瑪薩拉 Marsala
· 馬佐爾博島 Mazzorbo
· 梅西拿 Messina
· 米拉佐 Milazzo
· 摩德納 Modena
· 蒙費拉托 Monferrato
· 蒙塔奇諾 Montalcino

 (Montefalco heading)

· 蒙特法科 Montefalco
· 蒙鐵普奇亞諾 Montepulciano
· 阿布魯佐·蒙鐵普奇亞諾 Montepulciano d'Abruzzo
· 吾爾圖雷山 Monte Vulture
· 史坎薩諾之莫內里諾 Morellino di Scansano
· 阿司堤之莫斯卡托 Moscato d'Asti
· 穆拉諾 Murano

 N

· 拿坡里 Napoli

 O

· 歐維耶托 Orvieto

 P

· 帕基諾 Pachino
· 潘泰萊里亞島風乾甜酒 Passito di Pantelleria
· 巴勒摩 Palermo
· 潘泰萊里亞島 Pantelleria
· 皮蒙 Piemonte
· 曼都利亞之彼米提沃 Primitivo di Manduria
· 波賽柯 Prosecco

 R

· 拉古薩 Ragusa
· 藍達佐 Randazzo
· 雷久卡拉布里亞 Reggio di Calabria
· 羅艾歐 Roero
· 柯奈洛 Rosso Conero

 S

· 薩利納島 Salina
· 撒連托 Salento
· 史坎薩諾 Scansano
· 蘇瓦維 Soave
· 松德里奧 Sondrio

 T

· 陶拉希 Taurasi
· 托吉亞諾 Torgiano
· 托斯卡納 Toscana
· 特連托 Trento
· 特連提諾 Trentino

U

· 翁布利亞 Umbria

· 瓦波利伽拉 Valpolicella
· 瓦特里納 Valtellina
· 唯內多 Veneto
· 瑪泰利卡之維爾第奇歐 Verdicchio di Matelica
· 維洛納 Verona
· 拉佳麗那谷 Vallagarina
· 奧斯塔谷 Valle d'Aosta
· 蒙鐵普奇諾高貴之酒 Vino Nobile di Montepulciano

葡萄品種

· 阿里亞尼科 Aglianico
· 阿爾內斯 Arneis

· 巴貝拉 Barbera

· 卡本內弗朗 Cabernet Franc
· 卡本內蘇維濃 Cabernet Sauvignon
· 黑卡內歐羅 Canaiolo Nero
· 卡農佯 Cannonau
· 卡麗娘 Carignano
· 卡門內 Carmenere
· 卡利坎特 Carricante
· 卡塔拉托 Catarratto
· 夏多內 Chardonnay
· 黑柯林托 Corinto Nero
· 科爾泰斯 Cortese
· 科維那 Corvina
· 科維儂內 Corvinone

· 多切托 Dolcetto
· 多羅那 Dorona

· 法連吉娜 Falanghina
· 菲亞諾 Fiano

· 佳里歐波 Gaglioppo
· 葛爾戈內戈 Garganega
· 格烏茲塔明那 Gewürztraminer
· 葛雷拉 Glera
· 葛雷凱托 Grechetto
· 葛雷科 Greco
· 白葛雷科 Greco Bianco
· 葛利羅 Grillo

· 拉格萊因 Lagrein
· 藍布思柯－格拉絲巴羅莎 Lambrusco di Grasparossa
· 藍布思柯－索巴娜 Lambrusco di Sorbara

 (M)

· 瑪里歐柯 Magliocco
· 馬爾瓦西亞 Malvasia
· 麗帕里之馬爾瓦西亞 Malvasia di Lipari
· 白曼托尼可 Mantonico Bianco
· 曼宗尼 Manzoni
· 梅洛 Merlot
· 莫里那拉 Molinara
· 莫妮卡 Monica
· 蒙鐵普奇亞諾 Montepulciano
· 莫斯卡托 Moscato
· 白莫斯卡托 Moscato Bianco

· 內比歐露 Nebbiolo
· 內格羅阿瑪羅 Negro Amaro
· 內類羅‧卡普裝 Nerello Cappuccio
· 內類羅‧瑪斯卡萊瑟 Nerello Mascalese
· 內羅達沃拉 Nero d'Avola,至於目前官方使用的別名Calabrese,則極可能是在一連串將方言簡略後產生的誤稱
· 黑特洛亞 Nero di Troia或Uva di Troia
· 諾切拉 Nocera
· 諾茲右拉 Nosiola

· 佩科里諾 Pecorino
· 佩里蔻內 Perricone,別名Pignatello
· 紅皮耶第 Piedirosso
· 灰皮諾 Pinot Grigio
· 白皮諾 Pinot Bianco
· 黑皮諾 Pinot Nero
· 彼米提沃 Primitivo

· 雷佛思科 Refosco
· 里波拉架喇 Ribolla Gialla
· 麗絲玲 Riesling
· 隆第內拉 Rondinella

· 薩葛倫提諾 Sagrantino
· 山吉歐維樹 Sangiovese
· 白蘇維濃 Sauvignon Blanc
· 斯奇亞瓦 Schiava
· 夏西諾索 Sciascinoso
· 蘇蘇瑪尼葉洛 Susumaniello
· 希哈 Syrah

 (T)

· 泰洛得果 Teroldego
· 托凱‧弗里烏拉諾 Tocai Friulano
· 特比亞諾 Trebbiano
· 阿布賽斯‧特比亞諾 Trebbiano Abruzzese
· 托斯卡‧特比亞諾 Trebbiano Toscano

 (V)

· 維爾得卡 Verdeca
· 維爾第奇歐 Verdicchio,在Soave稱為蘇瓦維‧特比亞諾 Trebbiano di Soave
· 維門提諾 Vermentino

(Z)

· 基比波 Zibibbo,別名Moscato di Alessandria
· 金芬黛 Zinfandel

專有名詞

· 貴腐黴 Botrytis Cinerea
· 傳統產區 Classico
· 保證法定產區 Denominazione di Origine Controllata e Garantita
· 法定產區 Denominazione di Origine Controllata
· 地區餐酒 Indicazione Geografica Tipica
· 古典釀法 Metodo Classico:或瓶中二次發酵、酒瓶發酵
· 鷓鴣之眼 Occhio di Pernice:專指用紅葡萄品種釀成的Vin Santo
· 風乾葡萄酒 Passito:音譯為帕西托,可以來自任何產區
· 風乾葡萄酒 Recioto:音譯為雷巧多,主要指產自唯內多地區
· 里帕索 Ripasso:指在風乾葡萄酒的剩餘酒渣中加入清淡的Valpolicella再度浸泡發酵,以增進Valpolicella風味酒體的工法
· 陳年酒款 Riserva
· 風乾葡萄酒 Sforzato:音譯為史佛薩托,或Sfursat史福魯薩,專指Lombardia區用內比歐露釀成的風乾葡萄酒,Sforsato意為強化
· 優等酒款 Superiore
· 日常餐酒 Vino da Tavola
· 微泡酒 Vino Frizzante
· 氣泡酒 Vino Spumante
· 聖酒 Vin Santo:音譯為威山托,在托斯卡納一帶,以風乾葡萄製成的甜或不甜葡萄酒

酒款＆酒商名單

$800以內、$$801～1,500、$$$1,501～2,500、$$$$2,501～5,000、$$$$$ 5,000以上

	類型	酒名	品種	產區	價格	進口商
1	紅	Tenuta San Guido Sassicaia	Cabernet Sauvignon etc	Tuscany	$$$$$	威廉彼特
2	紅	Bodega Chacra Cinquenta y Cinco Pinot Noir	Pinot Noir	Argentina Patagonia	$$$	無
3	白	Tenuta Venissa（Bianco）	Dorona	Veneto	$$$$$	無
4	氣泡	Bisol Crede	Glera	Veneto	$$	亨信
5	氣泡紅	Cleto Chiarli Lambrusco di Sorbara del Fondatore	Lambrusco	Emilia Romagna	$	無
6	氣泡紅	Cavicchioli Vigna del Cristo Lambrusco di Sorbara	Lambrusco	Emilia Romagna	$	買酒網
7	氣泡紅	Bellei Francesco & C. Modena Rifermentazione Ancestrale	Lambrusco	Emilia Romagna	$	無
8	氣泡	Guido Berlucchi & C. Berlucchi 61 Brut NV	Chardonnay etc	Lombardia	$$$	亨陽
9	氣泡	Ca'del Bosco Cuvee Annamaria Clementi	Chardonnay etc	Lombardia	$$$$$	法蘭絲
10	氣泡	Ferrari Brut	Chardonnay	Trentino	$$$	藏酒
11	氣泡	I Clivi R_B_L Spumante Brut Nature	Ribolla Gialla	Friuli-Venezia Giulia	$$～$$$	無
12	氣泡	Gini Gran Cuvée Brut Millesimato	Garganega	Veneto	$$$	醇醴國際
13	氣泡	Feudi di San Gregorio DUBL Greco	Greco	Campania	$$	方瑞
14	氣泡	Marco de Bartoli Terzavia Cuvée Riserva VS	Grillo	Sicily	$$	方瑞
15	白	Cantina Gallura Piras	Vermentino	Sardegna	$$	越昇
16	紅	Agricola Punica Barrua	Carignano etc	Sardegna	$$$	威廉彼特
17	紅	Santadi Terre Brune	Carignano etc	Sardegna	$$$$～$$$$$	無
18	紅	Monte Dall'Ora Valpolicella Classico Saseti	Corvina etc	Veneto	$$	The WareHouse
19	紅	Giuseppe Quintarelli Valpolicella Classico Superiore	Corvina etc	Veneto	$$$$$	越昇
20	紅	Guerrieri Rizzardi Villa Rizzardi Amarone	Corvina etc	Veneto	$$$$	酒之最
21	紅	Produttori del Barbaresco Barbaresco	Nebbiolo	Piemonte	$$$$	戀義
22	紅	Ceretto Barbaresco Bricco Asili	Nebbiolo	Piemonte	$$$$$	長榮桂冠
23	紅	Bartolo Mascarello Barolo	Nebbiolo	Piemonte	$$$$	方瑞
24	紅	Azelia Barolo	Nebbiolo	Piemonte	$$$$	酩豐
25	紅	Paolo Scavino Barolo	Nebbiolo	Piemonte	$$$	方瑞
26	紅	Elio Altare Barolo Arborina	Nebbiolo	Piemonte	$$$$$	越昇
27	紅	Aldo Conterno Barolo Gran Bussia Riserva	Nebbiolo	Piemonte	$$$$$	越昇
28	紅	Barone Ricasoli Corredila	Sangiovese	Toscana	$$$$	酩洋
29	紅	Isole e Olena Chianti Classico	Sangiovese	Toscana	$$$	越昇
30	紅	Badia a Coltibuono Chianti Classico Riserva	Sangiovese	Toscana	$$$	泰豐
31	紅	Fontodi Vigna del Sorbo	Sangiovese	Toscana	$$$	交響樂
32	紅	Avignonesi Vino Nobile di Montepulciano	Sangiovese	Toscana	$$	樂活
33	紅	Barbi Rosso di Montalcino	Sangiovese	Toscana	$$	泰豐
34	紅	Fuligni Brunello di Montalcino	Sangiovese	Toscana	$$$$	越昇
35	紅	Poggio di Sotto Brunello di Montalcino	Sangiovese	Toscana	$$$$$	維納瑞
36	白	Gini La Froscà	Garganega	Veneto	$$$	醇醴國際
37	白	Decugnano dei Barbi Villa Barbi	Grechetto etc	Umbria	$	樂凡圖
38	白	Barberani Castagnolo	Grechetto etc	Umbria	$$	無
39	紅	Librandi Duca Sanfelice	Gaglioppo	Calabria	$$$$	義達發
40	紅	'A Vita Riserva	Gaglioppo	Calabria	$$$	無
41	紅	Tormaresca Masseria Maime	Negro Amaro	Puglia	$$$	威廉彼特
42	紅	Rubino Torre Testa	Susumaniello	Puglia	$$	無

43	紅	Felline Dunico	Primitivo	Puglia	$$$	無
44	紅	Paternoster Don Anselmo	Aglianico	Basilicata	$$$	無
45	紅	Feudi di San Gregorio Serpico	Aglianico	Campania	$$$	方瑞
46	紅	Mastroberardino Naturalis Historia	Aglianico	Campania	$$$$	萬樂事
47	白	Terredora Campore	Fiano	Campania	$$	交信
48	紅	San Fereolo Valdibà	Dolcetto	Piemonte	$$	無
49	紅	Chionetti Briccolero	Dolcetto	Piemonte	$$	戀義
50	紅	Vietti Barbera d'Asti La Crena	Barbera	Piemonte	$$$	泰德利
51	白	Negro Sette Anni Roero Arneis	Arneis	Piemonte	$$$	戀義
52	白	La Raia Gavi Pisé	Cortese	Piemonte	$$$	無
53	紅	Antoniolo Gattinara	Nebbiolo	Piemonte	$$$	維納瑞
54	紅	AR.PE.PE. Rosso di Valtellina	Nebbiolo	Lombardia	$$	維納瑞
55	紅	Nino Negri Valtellina Superiore Riserva	Nebbiolo	Lombardia	$$$	無
56	紅	Cantina Nals Margreid Galea	Schiava	Alto Adige	$$	無
57	紅	Cantina Terlano Porphyr Riserva	Lagrein	Alto Adige	$$$	方瑞
58	紅	Foradori Foradori	Teroldego	Trentino	$$	The WareHouse
59	白	Schiopetto Friulano	Friulano	Friuli-Venezia Giulia	$$	無
60	白	Livio Felluga Terre Alte	Friulano（etc）	Friuli-Venezia Giulia	$$$	無
61	白	I Clivi Clivi Brazan	Friulano	Friuli-Venezia Giulia	$$	無
62	白	Damijan Podversic Ribolla Gialla	Ribolla Gialla	Friuli-Venezia Giulia	$$$	開瓶
63	白	Volpe Pasini Zuc di Volpe Sauvignon	Sauvignon Blanc	Friuli-Venezia Giulia	$$	無
64	白	Cantina Terlano Pinot Bianco Vorberg Riserva	Pinot Bianco	Alto Adige	$$$	方瑞
65	紅	Tenuta San Leonardo San Leonardo	Cabernet Sauvignon（etc）	Trentino	$$$$$	越昇
66	紅	Arnaldo Caprai Collepiano	Sagrantino	Umbria	$$$$	越昇
67	紅	Paolo Bea Rosso de Véo	Sagrantino	Umbria	$$$$	維納瑞
68	白	Garofoli Podium	Verdicchio	Marche	$$	越昇
69	白	Bucci Villa Bucci	Verdicchio	Marche	$$$	葡園
70	白	Aurora Fiobbo	Pecorino	Marche	$$	無
71	白	Emidio Pepe Pecorino	Pecorino	Abruzzo	$$$$	開瓶
72	白	Valentini Trebbiano d'Abruzzo	Trebbiano Abruzzese	Abruzzo	$$$$	維納瑞
73	粉	De Fermo Le Cince	Montepulciano	Abruzzo	$$	無
74	紅	Farnese Casale Vecchio	Montepulciano	Abruzzo	$$	誠品
75	紅	Nicodemi Notari	Montepulciano	Abruzzo	$$	茂世
76	紅	Umani Ronchi San Lorenzo	Montepulciano	Marche	$$	酒之最
77	紅	Praesidium Montepulciano d'Abruzzo Riserva	Montepulciano	Abruzzo	$$	無
78	白	Marco De Bartoli Grappoli del Grillo	Grillo	Sicily	$$	方瑞
79	紅	Tasca d'Almerita Rosso del Conte	Nero d'Avola etc	Sicily	$$$$	越昇
80	紅	Gulfi Nerrojbleo	Nero d'Avola	Sicily	$$	路徑
81	紅	Cos Cerasuolo di Vittoria Classico	Nero d'Avola Frappato	Sicily	$$$	The WareHouse
82	紅	Alice Bonaccorsi Valcerasa Etna Rosso	Nerello Mascalese Nerello Cappuccio	Sicily	$$	無
83	紅	Bonavita Faro	Nerello Mascalese Nerello Cappuccio etc	Sicily	$$	無
84	氣泡甜	Caudrina La Selvatica	Moscato Bianco	Piemonte	$$	酩豐
85	氣泡甜	Ceretto（I Vignaioli di Santo Stefano）Moscato d'Asti	Moscato Bianco	Piemonte	$$	長榮桂冠
86	甜白	Avignonesi Vin Santo	Malvasia Trebbiano Toscano	Toscana	$$$$	樂活
87	甜白	Fontodi Vin Santo	Sangiovese、Malvasia	Toscana	$$$	交響樂
88	甜白	Isole e Olena Vin Santo	Malvasia Trebbiano Toscano	Toscana	$$$$	越昇

89	加烈	Marco de Bartoli	Grillo	Sicily	$$$	方瑞
		Marsala Superiore Riserva 1987				
90	甜白	Donnafugata Ben-Ryé	Zibibbo	Sicily	$$$	越昇
91	甜白	Hauner Malvasia delle Lipari Passito	Malvasia di Lipari	Sicily	$$$	無
92	甜白	Fenech Malvasia delle Lipari Passito	Malvasia di Lipari	Sicily	$$$	無

進口代理商名錄

方瑞	02-2709-8166	葡園	07-531-0665
交信	02-8698-4023	萬樂事	02-2896-9911
交響樂	02-2741-2939	誠品	02-2503-7687
亨信	02-2737-0123	酩洋	02-2507-2558
亨陽	02-2302-6221	酩豐	02-2762-3525
法蘭絲	02-2795-5615	路徑	02-8780-0959
長榮桂冠	02-2700-6577	義達發	02-2659-8129
威廉彼特	02-8791-8870	樂凡圖	03-356-5515
茂世	02-7718-3909	樂活	02-2755-1808
酒之最	02-2768-1166	醇醴	02-2732-0591
泰德利	02-2298-3206	維納瑞	02-2784-7688
泰豐	02-8771-4139	藏酒	07-522-5111
開瓶	03-579-0947	戀義	02-2931-8055
越昇	02-2533-3180	The Warehouse	02-2711-0707
買酒網	02-8792-5186		

VV0056X

喝遍義大利 （暢銷紀念版）
Un piccolo viaggio fra i vini italiani

作　　者	陳匡民
封面插畫	林玉鈴
地圖繪製	魏嘉慶
特約編輯	吳佳穎

總 編 輯	王秀婷
責任編輯	張倚禎、梁容禎
版　　權	徐昉驊
行銷業務	黃明雪、林佳穎

發 行 人	涂玉雲
出　　版	積木文化
	104台北市民生東路二段141號5樓
	電話：(02) 2500-7696｜傳真：(02) 2500-1953
	官方部落格：www.cubepress.com.tw
	讀者服務信箱：service_cube@hmg.com.tw
發　　行	英屬蓋曼群島商家庭傳媒股份有限公司城邦分公司
	台北市民生東路二段141號11樓
	讀者服務專線：(02) 25007718-9｜24小時傳真專線：(02) 25001990-1
	服務時間：週一至週五09:30-12:00、13:30-17:00
	郵撥：19863813｜戶名：書蟲股份有限公司
	網站：城邦讀書花園｜網址：www.cite.com.tw
香港發行所	城邦（香港）出版集團有限公司
	香港灣仔駱克道193號東超商業中心1樓
	電話：+852-25086231｜傳真：+852-25789337
	電子信箱：hkcite@biznetvigator.com
馬新發行所	城邦（馬新）出版集團Cite (M) Sdn Bhd
	41, Jalan Radin Anum, Bandar Baru Sri Petaling,
	57000 Kuala Lumpur, Malaysia.
	電話： (603) 90578822｜傳真： (603) 90576622
	電子信箱：cite@cite.com.my

美術設計	許瑞玲
製版印刷	上晴彩色印刷製版有限公司

圖片出處（下列之外皆為作者拍攝）

P6 Coltibuono; P9 Arnaldo Caprai; P14 Ca' del Bosco/SandroMichahelles; P17 Ca' del Bosco/Giuseppe La Spada; P18 Ca' del Bosco/SandroMichahelles; P24 VENISSA; P25 VENISSA/Mattia Mionetto; P27 Ferrari; P29 Ferrari; P30 Consorzio per la tutela del Prosecco DOC; P32 Cavicchioli/CH Vigna del Cristo casa; P34-35 Ca' del Bosco/Giuseppe La Spada; P53 Coltibuono; P68-69 Coltibuono; P78 Coltibuono; P115 Paternoster; P134-135 Vietti; P143 Nino Negri; P174-175 Arnaldo Caprai; P193 Gulfi; P203 Donnafugata/ph.Anna Pakula; P206-207 Consorzio dell'Asti DOCG; P209 Donnafugata/phFabioGambina; P217 Donnafugata/ph.Scafidi; P218 Donnafugata/ph.Anna Pakula

2015年11月10日 初版一刷
2020年9月8日 二版一刷
售價／NT$580
ISBN／978-986-459-242-5

國家圖書館出版品預行編目(CIP)資料

喝遍義大利 = Un piccolo viaggio fra i vini italiani / 陳匡
民著. -- 二版. -- 臺北市：積木文化出版：家庭傳媒城
邦分公司發行, 2020.09
面；　公分
ISBN 978-986-459-242-5（平裝）

463.814

109010884

一起來學
葡萄酒的義大利語

講者—品酒師 Alessandro Zuttioni

產區

葡萄品種

專有名詞

講者介紹

即掃即學，
一起來說葡萄酒的
義大利語！

深入探索義大利

·好書推薦·

如果，你來佛羅倫斯

漫步在天堂美食與文藝復興之間

作者：法比歐·皮奇（Fabio Picchi）
譯者：林潔盈
19 x 24 / 平裝 / 240頁

大廚法比歐化身導遊，擺脫旅遊書的刻板路線，透過他個人私密的記憶與情感，帶領讀者從居民的角度來觀看佛羅倫斯，也道出許多老字號商行與知名人物。下次你去佛羅倫斯，將會擁有一雙非常不同於以往的眼睛，以及相當頑皮的、佛倫羅斯式的情懷。

Eataly
義大利飲食聖經

作者：奧斯卡·法利內蒂
（Oscar Farinetti）
譯者：林潔盈
21 x 28 / 精裝 / 304 頁

看繪本學義大利語
（全新修訂版）

作者：劉向晨
繪者：張瓊文
14.8 x 19.5 / 平裝 / 160 頁

獻給所有嚮往義式真滋味讀者的一本書：從如何像個義大利人般走進店裡點份冰淇淋，到精挑食材端出一桌道地料理、再選瓶對味好酒；本書詳細介紹來自義大利各省近千種食材、超過 150 道經典食譜（保證原味的作法和吃法），為你打開享樂餐桌的感官大門，是美食與廚藝愛好者與義大利風土迷一定要擁有的參考指南。

打破一般語言學習書的僵硬版型，以明亮、溫暖的手繪插圖搭配流暢生動的版面，為讀者勾勒出完整的義大利風情。從基本的音標、文法、常見詞彙到生活用語，不時補充義大利特殊文化背景介紹，亦透過描繪各種情境或景點來介紹字彙，讓讀者可在旅行時按圖索驥，是義大利語初學者或計劃前往義大利出遊的人必備的一冊。

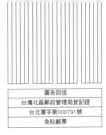
積木文化

104 台北市民生東路二段141號5樓

英屬蓋曼群島商家庭傳媒股份有限公司　城邦分公司

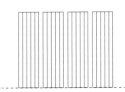

請沿虛線對摺裝訂，謝謝！

部落格	**CubeBlog**
	cubepress.com.tw
Facebook	**積木生活實驗室**
	facebook.com/CubeZests
電子書	**CubeBooks**
	cubepress.com.tw/books

· 回函抽好禮 ·
每月抽出積木文化出版品贈書 3 名

填問卷 · 抽好禮！

感謝購買本書，邀請您填寫以下問卷寄回（免付郵資），請務必填寫所有欄位，將有機會抽中積木文化讀者回饋好禮。

1. 購買書名：《喝遍義大利（暢銷紀念版）》

2. 購買地點：□展覽活動，名稱_____ □書店，店名：_____，地點：_____縣市 □書展
   □網路書店，店名：_____ □其他（請說明）_____

3. 您從何處得知本書出版？
   □書店 □報紙雜誌 □展覽活動，名稱_____ □朋友 □網路書訊 □部落客，名稱_____ □其他（請說明）_____

4. 您對本書的評價（請填代號：1 非常滿意 2 滿意 3 尚可 4 再改進）
   書名_____ 內容_____ 封面設計_____ 版面編排_____ 實用性_____

5. 您購書時的主要考量因素（可複選）：
   □作者 □主題 □口碑 □出版社 □價格 □實用 □其他（請說明）_____

6. 您習慣以何種方式購書？
   □書店 □書展 □網路書店 □量販店 □其他（請說明）_____

7-1. 您偏好的品飲圖書主題（可依喜好複選）：
   □葡萄酒 □烈酒 □雞尾酒 □日本酒 □威士忌 □白蘭地 □中國酒 □中國茶 □日本茶 □紅茶 □咖啡 □品飲散文
   □酒類餐搭 □其他（請說明）_____

7-2. 您想要知道的品飲知識（可依喜好複選）：
   □品種 □品飲方法 □產地 □廠牌 □歷史 □工具介紹 □知識百科 □大師故事 □其他（請說明）_____

7-3. 您偏好的品飲類書籍類型：（請填入代號 1 非常喜歡 2 喜歡 3 有需要才會買 4 很少購買）
   □圖解漫畫 □初階入門書 □專業工具書 □小說故事 □其他（請說明）_____

7-4. 您每年購入品飲類圖書的數量：□不一定會買 □1～3本 □4～8本 □9本以上

7-5. 您偏好參加哪種品飲類活動（可依喜好複選）：
   □大型酒展 □單堂入門課程 □系列入門課程 □系列課進階課程 □飲食專題講座 □品酒會 □其他（請說明）_____

7-6. 您是否願意參加付費活動：□是 □否；（答是請繼續回答以下問題）：
   可接受活動價格：□300～500 □500～1000 □1000以上 □視活動類型 □皆可
   偏好參加活動時間：□平日晚上 □週五晚上 □周末下午 □周末晚上 □其他（請說明）_____

7-7. 您偏好如何收到飲食新書活動訊息
   □郵件 □EMAIL □FB粉絲團 □其他_____
   ★歡迎加入FB：積木生活實驗室 或 來信service_cube@hmg.com.tw訂閱「積木樂活電子報」

8. 讀者資料
   • 姓名：_____ • 性別：□男 □女 • 電子信箱：_____
   • 收件地址：_____
   （請務必詳細填寫以上資料，以確保您參與活動中獎權益！如因資料錯誤導致無法通知，視同放棄中獎權益。）
   • 居住地：□北部 □中部 □南部 □東部 □離島 □國外地區
   • 年齡：□15～20歲 □20～30歲 □30～40歲 □40～50歲 □50歲以上
   • 教育程度：□碩士及以上 □大專 □高中 □國中及以下
   • 職業：□學生 □軍警 □公教 □資訊業 □金融業 □大眾傳播 □服務業 □自由業 □銷售業 □製造業 □家管
     其他_____
   • 月收入：□20,000以下 □20,000～40,000 □40,000～60,000 □60,000～80000 □80,000以上
   • 是否願意持續收到積木的新書與活動訊息：□是 □否

9. 歡迎您對積木文化出版品提供寶貴意見（選填）：_____